方正飞腾

应用实例及练习

徐建刚　编著

印刷工业出版社

图书在版编目（CIP）数据

方正飞腾·应用实例及练习／徐建刚编著．—北京：印刷工业出版社，2006.2
新闻出版系统技工学校印刷类专业统编配套教材
ISBN 7-80000-474-2

Ⅰ．方...　Ⅱ．徐...　Ⅲ．排版－应用软件，方正飞腾 4.1－技工学校－教材 Ⅳ.TS803.23

中国版本图书馆 CIP 数据核字（2006）第 008607 号

方正飞腾·应用实例及练习

编　著：徐建刚

责任编辑：范　敏　　　责任校对：郭　平
责任印制：张利君　　　责任设计：张　羽
出版发行：印刷工业出版社（北京市翠微路2号 邮编：100036）
网　址：www.keyin.cn　　pprint.keyin.cn
网　店：//shop36885379.taobao.com
经　销：各地新华书店
印　刷：河北省高碑店市鑫宏源印刷包装有限公司

开　本：787mm×1092mm　1/16
字　数：160千字
印　张：7.75
印　数：5001～6000
印　次：2006年2月第1版　2011年8月第4次印刷
定　价：18.00元
ISBN：978-7-80000-474-2

◆ 如发现印装质量问题请与我社发行部联系　发行部电话：010-88275602

前　言

对很多使用飞腾的读者，要掌握一些较简单的飞腾功能会比较容易，应该说可以很快的入门。但是，要想尽快的达到飞腾的中级或高级应用水平，就可能需要较长的时间，更有可能在很长时间内都停留在初级水平上。

本书作为《方正飞腾·排版工艺》的续篇，主要用于初级使用者快速深入掌握飞腾的使用技巧和高级功能，通过结合书中实际样例的操作练习，达到快速的提升自己的操作技巧和能力。

书中主要以实际的样例的方式进行阐述，通过对各个综合样例的详细讲解，把飞腾的各个功能综合应用，争取使读者能够融会贯通，以便迅速的掌握飞腾的各项重要功能和实用技巧。

本书共分十三章，第一章“快速进阶”；第二章“文字块操作”；第三章“自动加拼音”；第四章“文字转表格；”第五章“表格常用技巧”；第六章“Excel 与飞腾表格的互换”；第七章“特殊文字效果”；第八章“TAB 键功能技巧”；第九章“图像裁剪技巧”；第十章“飞腾实现补字技巧”；第十一章“设计复杂图形效果”；第十二章“排版格式提高排版效率”；第十三章“飞腾基础试题”。

编　者

2006 年 1 月

前言

目　录

第一章　快速进阶 ……(1)
1.1　掌握基本功能 ……(1)
1.2　掌握常用快捷键 ……(2)
1.2.1　版面显示快捷键 ……(2)
1.2.2　文字(块)处理快捷键 ……(2)
1.2.3　常用功能快捷键 ……(3)
第二章　文字块操作 ……(4)
2.1　任意形状文字块 ……(4)
2.2　图文互斥 ……(7)
2.3　甩文、文字块连接实现 ……(12)
2.4　文字块形式的任意组合 ……(14)
第三章　自动加拼音 ……(16)
3.1　自动加注拼/注音 ……(16)
3.2　查找多音字 ……(19)
3.3　管理用户拼/注音库 ……(20)
第四章　文字转表格 ……(23)
第五章　表格常用技巧 ……(31)
5.1　单元格操作 ……(31)
5.2　分页表操作 ……(35)
5.3　表格线型/底纹 ……(39)
5.4　表格灌文 ……(45)
第六章　Excel与飞腾表格的互换 ……(50)
6.1　Excel转化为飞腾表格 ……(50)
6.2　飞腾表格转换为Excel ……(57)
第七章　特殊文字效果 ……(62)
7.1　透明文字效果 ……(63)
7.2　双环文字效果 ……(65)

第八章　TAB 键功能技巧 ......(71)
8.1　TAB 键的定义 ......(71)
8.2　TAB 键功能实现无线表格 ......(75)
第九章　图像裁剪技巧 ......(78)
9.1　飞腾中直接裁剪图片 ......(79)
9.2　结合 PhotoShop 实现图像裁剪 ......(81)
第十章　飞腾实现补字技巧 ......(87)
10.1　实现补字技巧 ......(87)
10.2　补字的重复利用 ......(90)
第十一章　设计复杂图形效果 ......(94)
11.1　制作可爱的笑脸 ......(95)
11.2　设计链条效果 ......(97)
第十二章　排版格式提高排版效率 ......(102)
12.1　定义排版格式 ......(102)
12.2　使用排版格式 ......(109)
12.3　用排版格式提高效率 ......(110)
第十三章　飞腾基础试题 ......(113)
13.1　判断题 ......(113)
13.2　单选题 ......(114)
13.3　多选题 ......(116)
13.4　试题答案 ......(117)

第一章 快速进阶

【本章习题】

习题一：飞腾常用快捷键有哪些？

习题二：如何快速进阶？

【关键技巧】

- Excel 另存为文本文件(制表符分隔)
- 飞腾表格小样格式
- 表格行列调整

1.1 掌握基本功能

对于飞腾的初学使用者，要想迅速学会使用飞腾其实并不难，只需要掌握以下一些飞腾基本的操作：

❶ 排入文字、排入图片。

❷ 调整文字块、图片的形状、位置。

❸ 设置版面各部分相应的字体、字号。

❹ 设置文字块分栏。

❺ 掌握图文互斥功能。

❻ 设计文章标题。

❼ 设计部分图元属性，例如：加线条、花边、底纹。

❽ 设置页码和页眉。

……

1.2 掌握常用快捷键

实际上,除了掌握以上所述的基本功能外,还是很不够的,因为运用飞腾是为了实现专业、高效的排版工作,要不然我们只需运用常用的办公软件就能实现飞腾这些基本操作所实现的功能。所以如何有效发挥飞腾的排版效率是最为关键的,要想快速的提高飞腾的排版效率,首先必须学会使用一些基本的快捷键,主要包括如下快捷键:

1.2.1 版面显示快捷键

Ctrl/Shift + 鼠标右键	放大/缩小
Ctrl + W	正版显示
Ctrl + 1	100%显示
Ctrl + 2	200%显示
Ctrl + 4	400%显示
Shift + 鼠标滚轮	放大/缩小版面
Ctrl + 鼠标滚轮	左右移动版面

1.2.2 文字(块)处理快捷键

Ctrl + I	居中
Ctrl + R	居右(尾)
Ctrl + L	居左(右齐)
Ctrl + F	设置字体号
Ctrl + D	排入文字
Ctrl + Shift + D	排入图片
Ctrl + B	自定义分栏
Ctrl + H	变体字
Ctrl + J	行距与行间
Ctrl + M	字距和字间
Ctrl +/–	字距微调增加/减少
Alt +/–	行距微调增加/减少
Ctrl Alt +/–	图像微调增加/减少
Ctrl + Shift + ,/.	字号增大/缩小
Ctrl + 8/9	字号增大/缩小(小幅度)

1.2.3 常用功能快捷键

Ctrl + Q	文字与选取工具的切换
F8	形成叠题
F10	一站式窗口
F11	显示浮动窗口
Shift + 双击鼠标左键	选中整段文字
Ctrl + 双击鼠标左键	选中整个文字块
Ctrl + A	选中整个文字块(含续排)
Ctrl + Alt + G/H/J/K/L	录入常用特殊符号

针对以上列出的常用快捷键,建议大家能够熟练掌握,这样大家就可以在最短的时间内从一个最初级的水准跃升到一个比较高效的水平,就算有很多飞腾的强大功能没有掌握,这些快捷键已经可以应付大部分常见的情况。

第二章 文字块操作

【本章习题】

习题一：如何生成任意形状的文字块？

习题二：如何实现甩文？

习题三：如何横排、竖排混合排版？

习题三：如何实现图文绕排效果？

【关键技巧】

- 结合 Shift 键控制文字块样式
- 任意区域内排版
- 图文互斥
- 文字块链接

2.1 任意形状文字块

飞腾的文字块功能是最让人喜欢的，因为它可以变成任意形状的文字块形状，在飞腾中主要有两种生成任意形状外形文字块的方法：

(1) 配合 Shift 键使标准文字块变形

❶ 如图 2.1 所示，我们先使用“排入文字块”工具画好一个文字块。

❷ 将鼠标挪动到该文字块的右下角，此时鼠标光标变成斜线双箭头形式。

❸ 按住 Shift 键，同时按住鼠标左键，鼠标光标挪到所需的中间位置，松开键盘和鼠标，文字块变成一个缺少右下角的外形，变形后的文字块如图 2.2 所示。

❹ 同样，对于所有的文字块上的其他光标都可以重复以上操作，使得文字块变成一个符合要求的外形复杂的文字块，如图 2.3 所示。

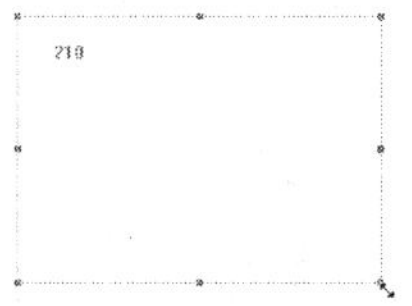

图 2.1 文字块变形前

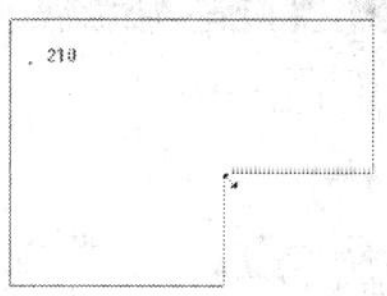

图 2.2 文字块变形后

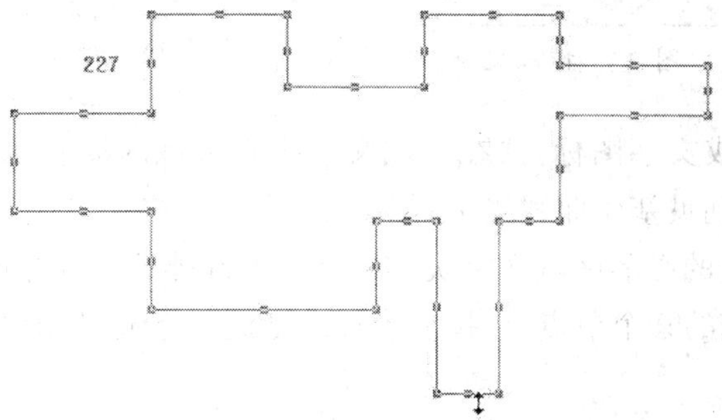

图 2.3 复杂的文字块外形

对此生成的复杂形状的文字块，飞腾的文字照样可以在其中进行横排、竖排、分栏等复杂的文字块操作。

(2) 通过贝赛尔曲线生成更加随意的文字块外形，步骤如下：

利用“画贝塞尔曲线”工具画一条封闭的事先设计好的曲线，如图 2.4 所示。

图 2.4 画好的封闭贝塞尔曲线

❷ 选择“选取”工具，并选中上一步画好的封闭贝塞尔曲线，点击菜单“美工”|“路径属性”|“排版区域”，如图 2.5 所示，此时封闭的贝塞尔曲线变成一个文字排版区域，并且在该区域能显示可排的文字数量，如图 2.6 所示。

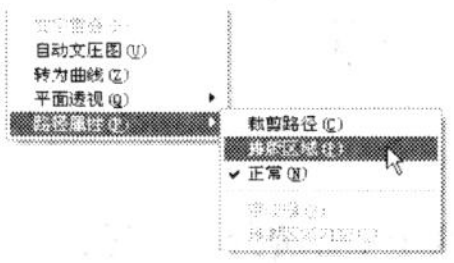

图 2.5 设定曲线为排版区域

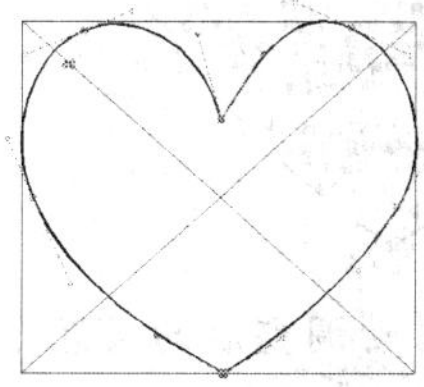

图 2.6 变成文字排版区域的贝塞尔曲线

❸ 点击“排入文字”图标进入“排入文字”对话框，选择需要排入的文章，然后点击“排版”按钮，如图 2.7 所示。

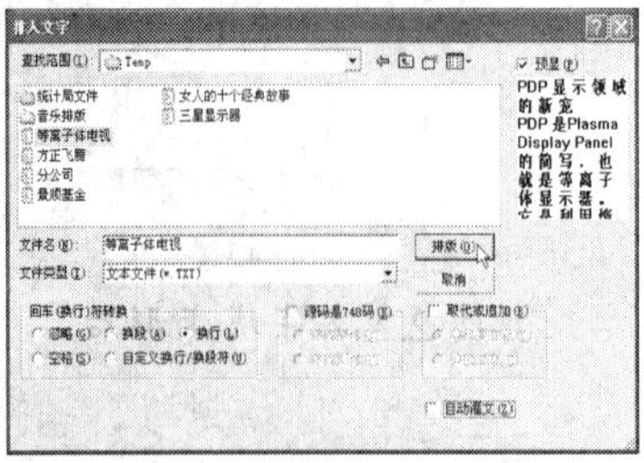

图 2.7 排入文章

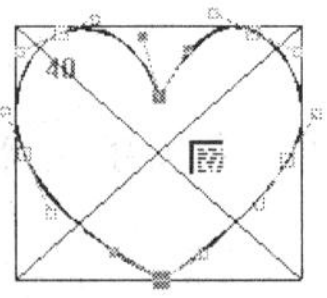

图 2.8 排入文章

❹ 此时光标变成文字图标，并在变成文字排版区域的贝塞尔曲线上点击，如图 2.8 所示，文章会被排入到贝塞尔曲线当中，如图 2.9 所示。

❺ 图 2.9 中生成的心形区域文字块结果可以进行排版区域外形的改变，我们可以将鼠标光标移到该区域的某个节点上，按住鼠标左键进行拖拽，如图 2.10 所示。

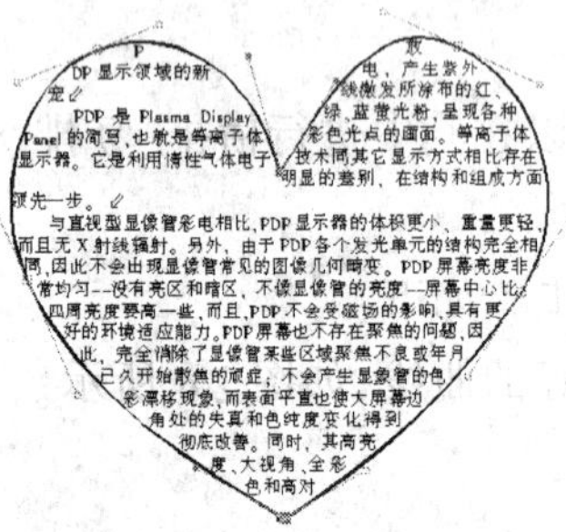

图 2.9 排入文章

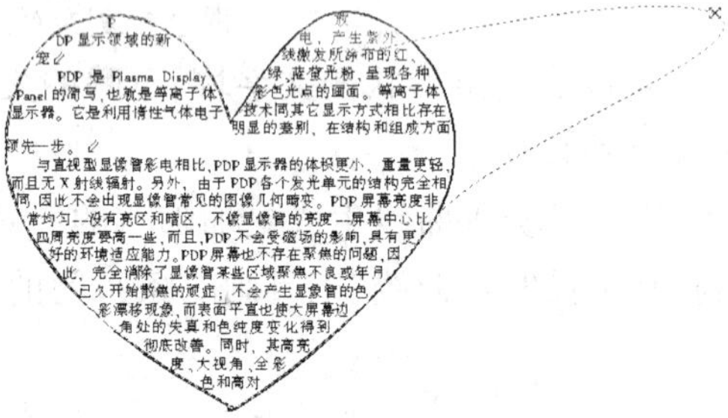

图 2.10 拖拽贝塞尔曲线节点

❻ 此时贝塞尔曲线的文字内容会自动调整适应新的文字排版区域，如图 2.11 所示。

❼ 在封闭贝塞尔曲线的排版区域，可以进行分栏等各种文字块的处理方式，如图 2.12 所示是设置成按分三栏排的曲线区域，或直接点击“正向排竖”菜单图标将其设置为竖排排版方式，如图 2.13 所示。

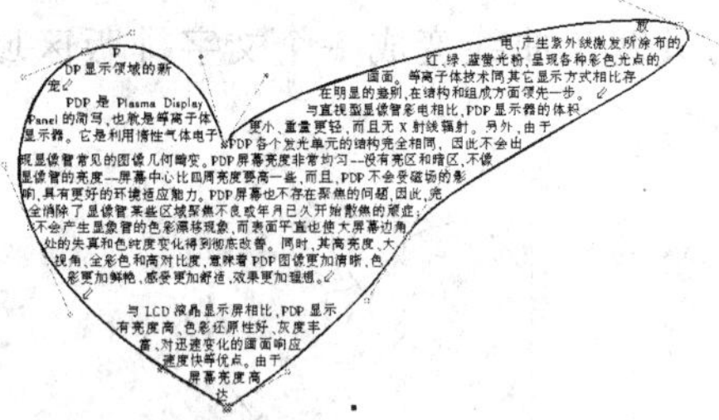

图 2.11 文字自动调整后的贝塞尔曲线排版区域

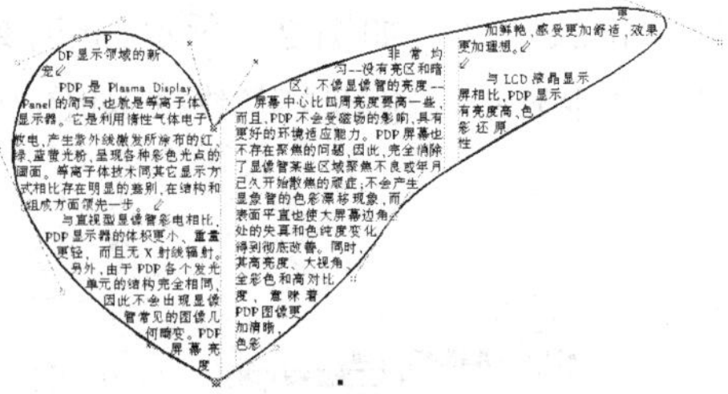

图 2.12 分栏曲线区域

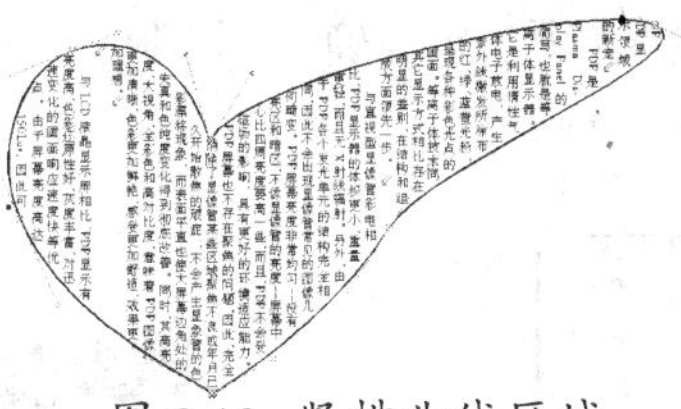

图 2.13　竖排曲线区域

2.2 图文互斥

图片和文字作为文章中最主要的元素，经常会在文章中一起出现，并且需要配合使用，这样如何更加方便的处理图片和文字之间的位置关系将能有效的提高排版的效率，运用好图文互斥是比较好的方法。

一般在排版时存在如下三种情况的图文互斥：图片与文字间的互斥、文字与文字间的互斥以及图形与文字间的互斥，这三种情况的处理方法都是一样的，就是运用图文互斥功能。

下面我们详细介绍这三种情况的操作方法：

(1) 图片与文字间的互斥

❶ 新建文件后，然后单击"文件"|"排入文字"命令，或按 Ctrl+D 键，或点击"排入文字"图标进入"排入文字"对话框，如图 2.14 所示，选中该对话框中右下方的"自动灌文"选项。

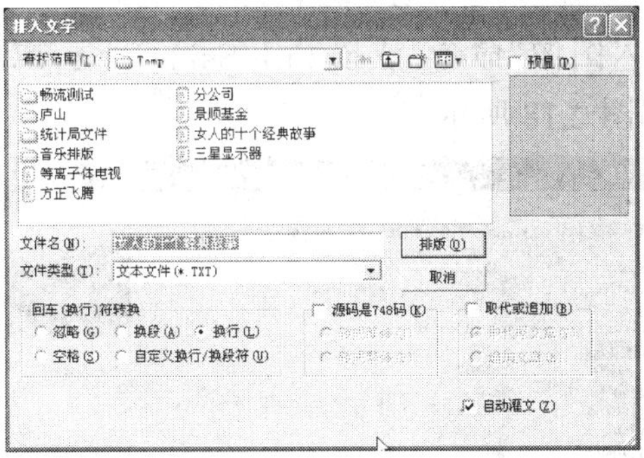

图 2.14 "排入文字"对话框

❷ 选择图中所示的文章，点击"排版"按钮，此时光标变成，将光标移动到版心中的任意位置，按住 Ctrl 键，再单击鼠标左键，这时会自动生成一个版心大小的文字块，若文字内容超过一页，该文字块会自动生成多页链接的文字块，并且每一页都是版心大小的文字块，如图 2.15 所示。

❸ 运用选取工具，选中刚刚生成的版心中的文字块，然后单击"版面"|"分栏"|"自定义分栏(B)..."命令，或点击 Ctrl+B 键进入分栏对话框，如图 2.16 所示，在对话框中设

定分栏数为“2”，并选中“带栏线”选项，点击确定后，版心中的文字块变成分两栏，中间带栏线的样式，如图 2.17 所示。

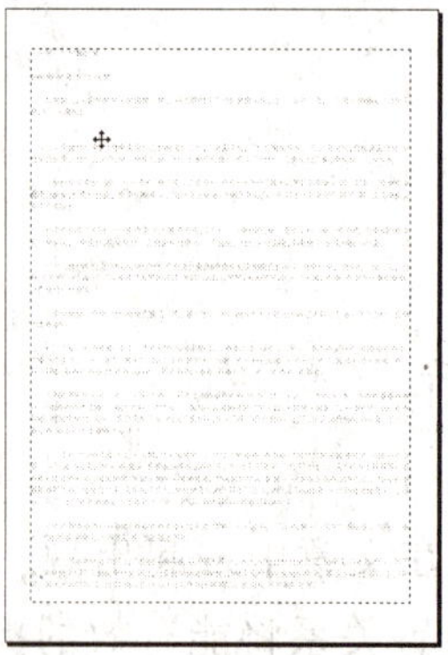

图 2.15 分栏前的文字块样式

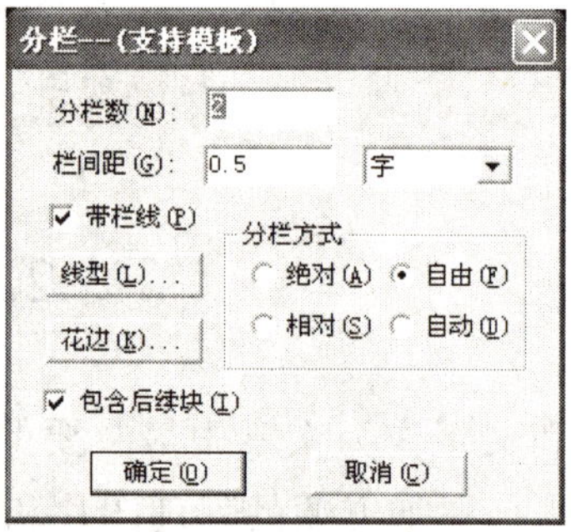

图 2.16 分栏对话框

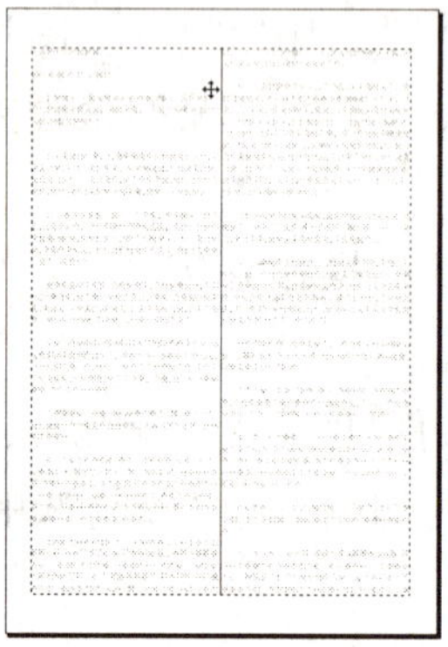

图 2.17 分栏后的文字块样式

❹ 单击“文件”|“排入图像”命令，或按 Ctrl+Shift+D 键，或点击“排入图像”图标进入“排入文字”对话框，如图 2.18 所示。

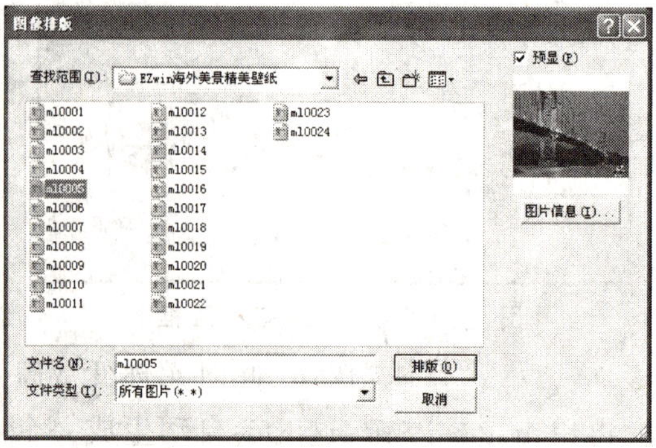

图 2.18 排入图像对话框

❺ 选择需要的图片后，点击“排版”按钮，此时光标变成，随意在版面上单击鼠标左键，图片即被排入版面中，如图 2.19 所示为排入的图片效果。

❻ 此时我们需要将排入的图片裁剪为椭圆形状，首先选择“画椭圆形”工具，按住

鼠标左键的同时，在版面上画一个椭圆，画好的椭圆如图 2.20 所示。用选取工具选中该椭圆，并将其挪动到图 2.19 的上方，挪动后的效果如图 2.21 所示。

图 2.19 被排入的图片

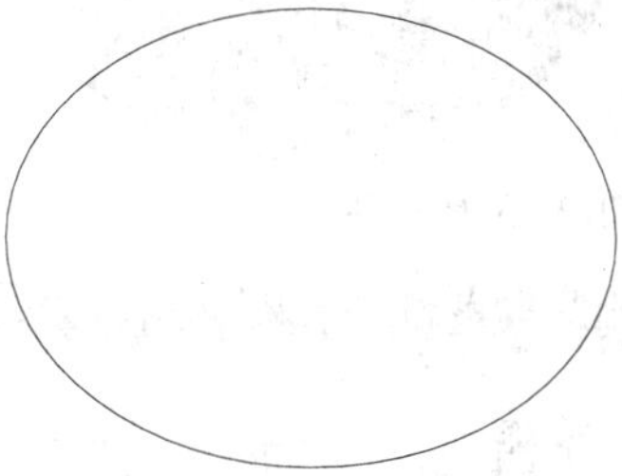

图 2.20 画好的椭圆

图 2.21 椭圆挪动到图片上方

❼ 用选取工具选中图片上方的椭圆后，选择菜单“美工”|“路径属性”|“裁剪路径”命令，将该椭圆设置为裁剪属性。在用选取工具选中椭圆的同时，按住 Shift 键，再用鼠标左键点击椭圆下方的图片，以便同时选中椭圆和图片。或者切换到选取工具后，直接按住鼠标左键拖动鼠标，使得图片和椭圆都在鼠标选取范围内，这样就同时选中了这两个对象，如图 2.22 所示。然后点击块合并工具，或直接点击 F4，使得图片被覆盖的椭圆裁剪成椭圆形状，如图 2.23 所示。

❽ 选中做好的图 2.23，并将它移动到版心的文字块上。

❾ 选择菜单“版面”|“图文互斥”命令，弹出“图文互斥”对话框，分别将图文关系选项设为“图文相关”，将文字方式设为“不分栏串文”，边空设为“边空相等”，边空大小为“0.5 字”，如图 2.24 所示，单击确定。

图 2.22 选择椭圆和图片

图 2.23 被裁剪成椭圆形的图片

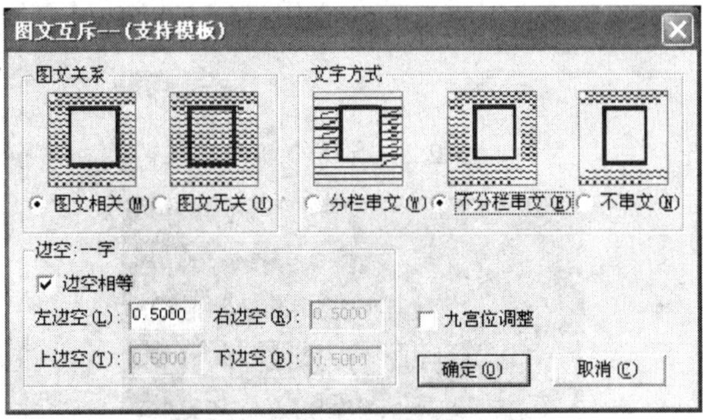

图 2.24 “图文互斥”对话框

⑩ 此时文字块内容自动绕开椭圆图片的位置,达到图文互斥的绕排效果,如图 2.25 所示。

女人的十个经典故事

2004 年 08 月 27 日 09:57

1、晚宴上,火箭专家向大家透露:“最近,我们要把几只老鼠送到火星上去。” 话音未落,一个美女插嘴说:“这样灭鼠,成本太高啦!”

女人凭直觉办事,觉得事情是什么样就是什么样,不调查研究,不进行理性思考。毛主席说过,没有调查研究,就没有发言权。没有发言权,女人照样发言。她们自我感觉良好,根本不把别人的意见当回事,漂亮女人尤其如此。

如果前两封电报发出去,一切都结束了。可发出去的是第三封,终点又成了起点。邱吉尔说,世上有两件事最难对付,一是倒向这边的墙,一是倒向另一边的女人。假如女人真地倒向了另一边,干脆放手就是了。可有时候,她们摇摆不定。她说恨你时,也许心里已经有了你;她说不恨你时,也许已经不把你放在心上了。你没法把她的话当真。因为反复无常,跟她们打交道得凭运气。

5、一个金发碧眼的女人上了飞机,在头等舱坐下。空姐过来检票,告诉她:“您的机票是普通舱的,不能坐在这里。”女人说:“我是白种人,是美女,我要坐头等舱去洛杉矶。”空姐无可奈何,只好报告组长。组长对美女解释说:“很抱歉!您买的不是头等舱的票,所以只能坐到普通舱去。”“我是白种人,是美女,我要坐头等舱去洛杉矶。”美女仍然重复着那句话。组长没办法,又

图 2.25 图片与文字间的互斥效果

(2) 文字与文字间的互斥

❶ 做好一个如图 2.26 所示的文字块效果。

女人的十个经典故事

图 2.26 文字块效果

❷ 将上图中做好的文字块移动到版心的文字块上方。

❸ 用选取工具选择图 2.26 所示的文字块,选择菜单“版面”|“图文互斥”命令,弹出“图文互斥”对话框,如图 2.24 所示的设置,单击确定。

❹ 此时图 2.26 中的文字块自动与版心的文字块进行了互斥, 达到文字块之间互相绕排的效果,图片 2.27 所示。

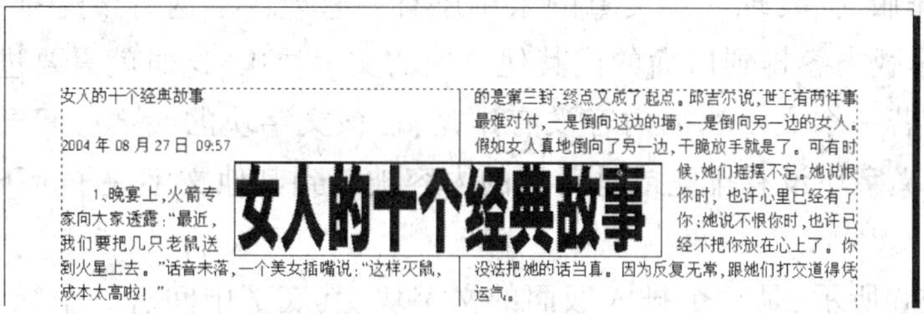
女人的十个经典故事
2004 年 08 月 27 日 09:57
1、晚宴上,火箭专家向大家透露:“最近,我们要把几只老鼠送到火星上去。”话音未落,一个美女插嘴说:“这样灭鼠,成本太高啦!”
女人的十个经典故事
的是第三封,终点又成了起点。邱吉尔说,世上有两件事最难对付,一是倒向这边的墙,一是倒向另一边的女人。假如女人真地倒向了另一边,干脆放手就是了。可有时候,她们摇摆不定。她说恨你时,也许心里已经有了你;她说不恨你时,也许已经不把你放在心上了。你没法把她的话当真。因为反复无常,跟她们打交道得凭运气。

图 2.27 文字与文字间的互斥效果

(3) 图形与文字间的互斥

❶ 做好一个如图 2.28 所示的椭圆形效果。

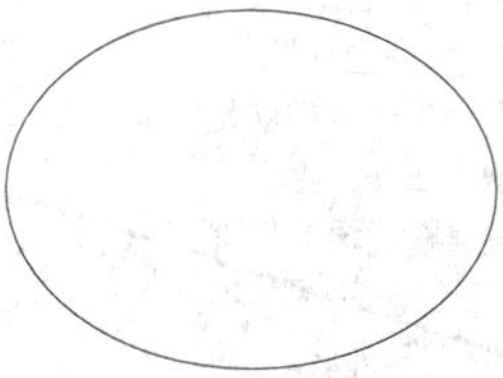

图 2.28 椭圆形效果

❷ 将上图中做好的椭圆形移动到版心的文字块上方。

❸ 用选取工具选择图 2.28 所示的椭圆形,选择菜单“版面”|“图文互斥”命令,弹出“图文互斥”对话框,如图 2.24 所示的设置,单击确定。

❹ 此时图 2.28 中的椭圆自动与版心的文字块进行了互斥,达到文字块之间互相绕排的效果,图片 2.29 所示。

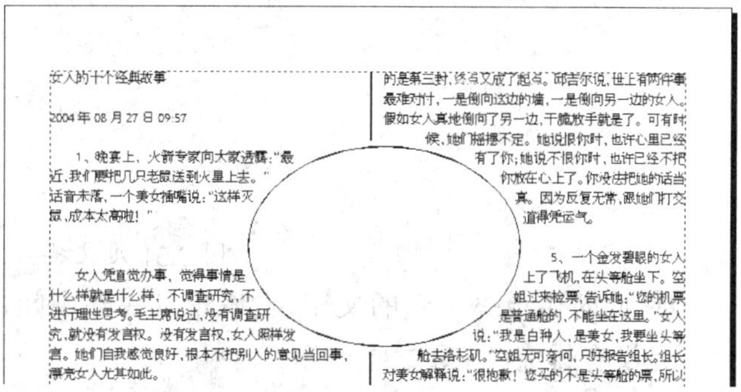
女人的十个经典故事
2004 年 08 月 27 日 09:57
1、晚宴上、火箭专家向大家透露:“最近,我们要把几只老鼠送到火星上去。”话音未落,一个美女插嘴说:“这样灭鼠,成本太高啦!”
女人凭直觉办事、觉得事情是什么样就是什么样,不调查研究,不进行理性思考。毛主席说过,没有调查研究,就没有发言权。没有发言权,女人照样发言。她们自我感觉良好,根本不把别人的意见当回事,漂亮女人尤其如此。
的是第三封,终点又成了起点。邱吉尔说,世上有两件事最难对付,一是倒向这边的墙,一是倒向另一边的女人。假如女人真地倒向了另一边,干脆放手就是了。可有时候,她们摇摆不定。她说恨你时,也许心里已经有了你;她说不恨你时,也许已经不把你放在心上了。你没法把她的话当真。因为反复无常,跟她们打交道得凭运气。
5、一个金发碧眼的女人上了飞机,在头等舱坐下。空姐过来检票,告诉她:“您的机票是普通舱的,不能坐在这里。”女人说:“我是白种人,是美女,我要坐头等舱去洛杉矶。”空姐无可奈何,只好报告组长。组长对美女解释说:“很抱歉!您买的不是头等舱的票,所以

图 2.29 图形与文字间的互斥效果

2.3 甩文、文字块连接实现

在排版时经常会出现一篇文章占据多页或多个版面位置的情况。例如,某篇在当页最后时没有结束,需要“下转第×页”就是最典型的情况。或是报社用户在排入一篇很长的文章时,经常要将该文章分成几个文字块,放在版面上的不同位置等情况。在飞腾中这种情况一般我们称为甩文,或是通过文字块连接实现跨页(块)的效果。

(1) 甩文的实现

当我们在排版时,发现一篇文章的末尾还有一些或许多内容没有排完,这时我们就需要将剩余的排版内容排到后面的或其他单独的文字块中,这时就需要进行甩文操作。

在飞腾中,若一个文字块的内容没有排完,在该文字块的底部中间会出现一个绿色的方块,代表该文字块没有排完或是后面的内容被转到其他文字块了。下面介绍甩文的具体实现方法:

❶ 如图 2.30 所示,是一个排入版面的文字块,其底部中间有一个绿色的方形标志,说明该文字块有内容没有排完。

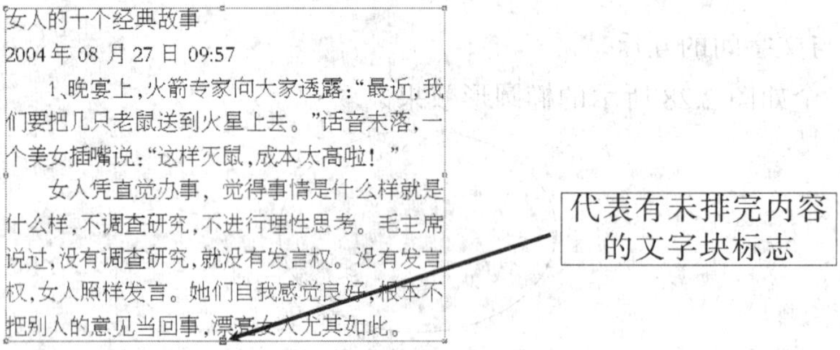
女人的十个经典故事
2004 年 08 月 27 日 09:57
1、晚宴上,火箭专家向大家透露:“最近,我们要把几只老鼠送到火星上去。”话音未落,一个美女插嘴说:“这样灭鼠,成本太高啦!”
女人凭直觉办事,觉得事情是什么样就是什么样,不调查研究,不进行理性思考。毛主席说过,没有调查研究,就没有发言权。没有发言权,女人照样发言。她们自我感觉良好,根本不把别人的意见当回事,漂亮女人尤其如此。
代表有未排完内容的文字块标志

图 2.30 有未排完内容的文字块

❷ 选择工具,单击上图文字块底部中间的绿色标志,此时图标变成。

❸ 在版面的其他任意位置,按住鼠标左键并拖动鼠标,如图 2.31 所示。

图 2.31 甩文操作

❹ 此时生成一个新的文字块,发现其底部中间还是有一个绿色的标志,说明该文字块还是没有排完,如图 2.32 所示。

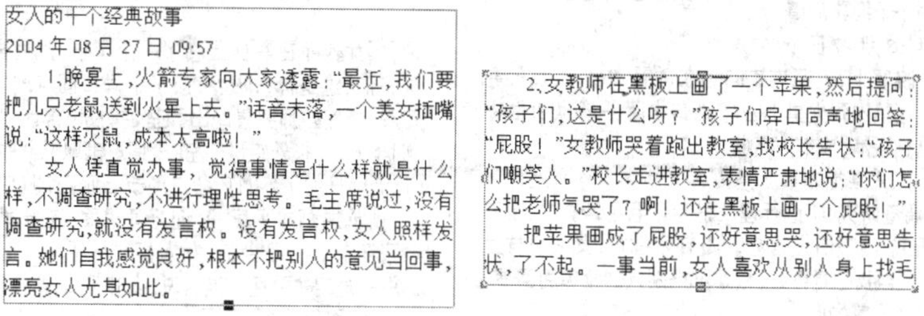

图 2.32 未排完内容的文字块

❺ 重复第 2、3 步的操作，将上图中的右边文字块内容甩出，这样该篇文章被分成三部分，分别位于三个文字块当中，如图 2.33 所示，这三个文字块可以被安放到任意不同区域或页码当中。

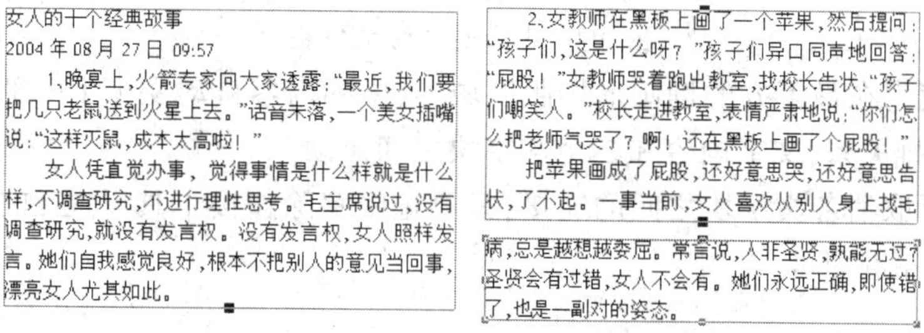

图 2.33 被甩成三个文字块的文章

(2) 文字块的连接

文字块的连接的目的是为了将几个不同地方的文字块合并成有续排关系的文字块。

❶ 新建三个不同文字块，并在其中输入不同的内容，如图 2.34 所示。

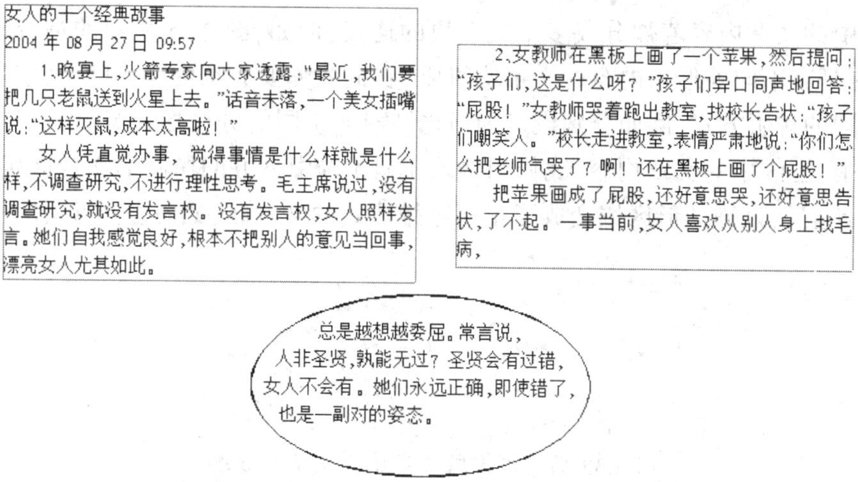

图 2.34 三个不同的文字块

❷ 选取连接工具，依次单击各文字块，则在文字块之间建立了续排连接关系，如图 2.35 所示。

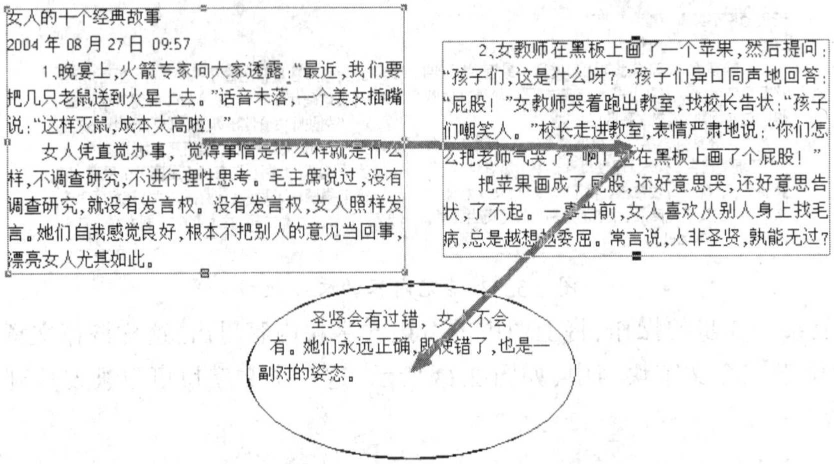
女人的十个经典故事
2004 年 08 月 27 日 09:57
1、晚宴上,火箭专家向大家透露:"最近,我们要把几只老鼠送到火星上去。"话音未落,一个美女插嘴说:"这样灭鼠,成本太高啦!"
女人凭直觉办事，觉得事情是什么样就是什么样,不调查研究,不进行理性思考。毛主席说过,没有调查研究,就没有发言权。没有发言权,女人照样发言。她们自我感觉良好,根本不把别人的意见当回事,漂亮女人尤其如此。
2、女教师在黑板上画了一个苹果,然后提问:"孩子们,这是什么呀?"孩子们异口同声地回答:"屁股!"女教师哭着跑出教室,找校长告状:"孩子们嘲笑人。"校长走进教室,表情严肃地说:"你们怎么把老师气哭了?啊!还在黑板上画了个屁股!"
把苹果画成了屁股,还好意思哭,还好意思告状,了不起。一事当前,女人喜欢从别人身上找毛病,总是越想越委屈。常言说,人非圣贤,孰能无过?
圣贤会有过错，女人不会有。她们永远正确,即使错了,也是一副对的姿态。

图 2.35 建立连接的文字块

❸ 此时我们在最下方的椭圆形排版区域,其中的内容自动变少了一部分,这三个文字块产生了续排关系,文字内容在三个文字块之间流动。

❹ 如果要取消各文字块之间的连接,只要选中解除连接工具,在红色箭头的箭头部分单击鼠标左键即可。

2.4 文字块形式的任意组合

飞腾中的文章内容若被分成多个文字块的连接,例如,图 2.35 所示的进行了连接的文字块,它是有不同外形和内容的文字块组成。在此我们要介绍的是,三个文字块可以分别进行不同的排版方式,例如分别设定为横排、竖排,不同的分栏形式等等。

❶ 在图 2.35 中的文章内容,我们用选取工具选中下方的椭圆形文章区域,点击正向竖排工具后,该椭圆形区域变成了正向竖排形式的文章区,如图 2.36 所示。

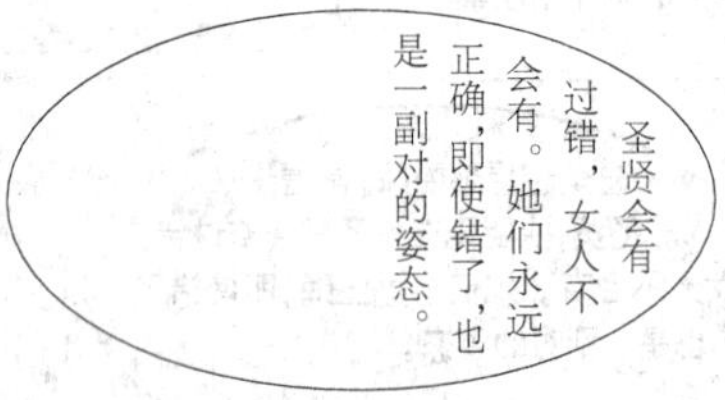
圣贤会有
过错，女人不
会有。她们永远
正确，即使错了，也
是一副对的姿态。

图 2.36 椭圆形排版区变成正向竖排形式

❷ 同样,我们用选取工具选中图 2.35 中右边的文字块内容,点击反向竖排工具后,该文字块区域变成了反向竖排形式的文章区,如图 2.37 所示。

❸ 最后设定图 2.35 中左边的文字块内容为分三栏、带栏线的形式,我们再用连接工具点击该文字块,发现三个文字块还是属于连接续排关系,如图 2.38 所示为三种不同的排版样式的文

字块组成一个文章区的组合形式。

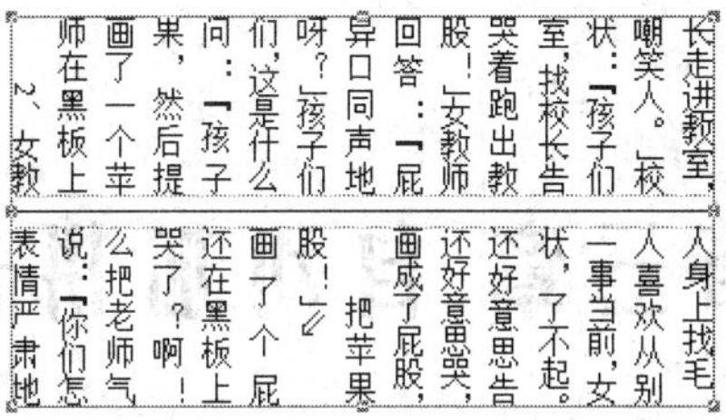

图 2.37 右边文章区被设定为分二栏、反向竖排效果

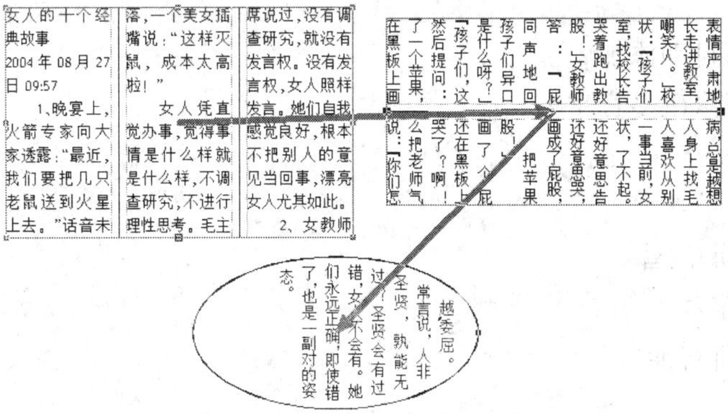

图 2.38 三种组合的文章区

第三章 自动加拼音

【本章习题】

习题一:如何自动添加?

习题二:如何修改多音字?

【关键技巧】

- 自动加注拼/注音
- 修改多音字
- 管理维护拼音库

飞腾 4.1 专业版实现了自动加注拼/注音功能,它提供对选中的一段文字或选中的一个或几个文字块自动加拼注音,此外还可以允许用户自定义拼音库和注音库。

自动加注拼/注音功能对常用的 6000 多个汉字提供了拼注音规则,对于一些没有提供拼注音规则的难检字,用户可以使用自动加注拼/注音插件提供的“自定义拼注音库”的功能为难检字定义拼注音规则。对于多音字,系统会在加注拼注音的时候进行提示,同时,用户也可以通过自动加注拼/注音插件单独提供的“查找多音字”的方法修改多音字。

3.1 自动加注拼/注音

飞腾 4.1 专业版正常安装后,在“版面”|“软插件”菜单下会出现“拼/注音”子菜单,如图 3.1 所示。

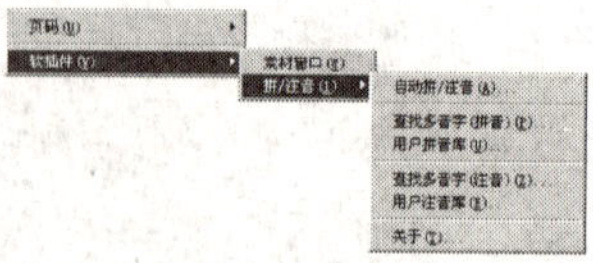

图 3.1 “拼/注音”子菜单

(1) 操作步骤如下:

❶ 使用文字工具选中一段文字或用选取工具选中一个或几个文字块。

❷ 单击 “版面”|“软插件”|“拼/注音”|“自动拼/注音”命

令,弹出“拼注音设置”对话框,如图 3.2 所示。

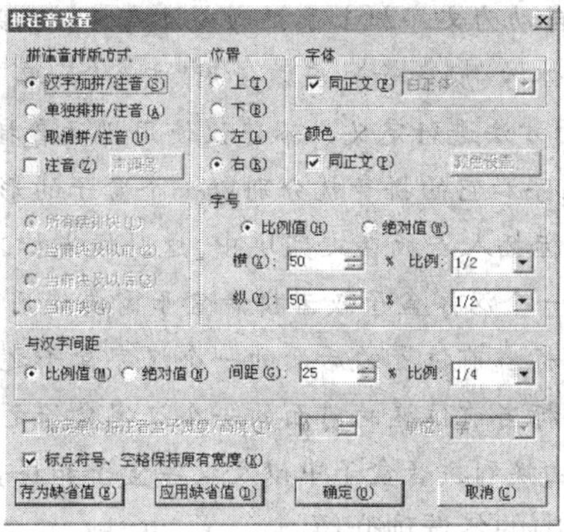

图 3.2 “拼注音设置”对话框

❸ 选中“汉字加拼/注音”单选按钮,单击“确定”按钮。系统首先会对所选文字块中的多音字进行查找,弹出“查找多音字”对话框,如图 3.3 所示。文字块中第 1 个多音字反显(涂黑),并在字音列表框中列出该字的所有拼音。如果要修改当前这个多音字的拼音,在选择了列表中的正确拼音后,单击对话框中的“修改拼音”按钮,系统会记录用户新选择的拼音,同时继续查找下一个多音字。否则可以选择对话框中“始终选择第一个”按钮,系统则默认为每一个多音字加上字音列表框中的第一个拼音(第一条拼音一般是使用频度最高的一个),不再为每一个多音字依次做提示。

图 3.3 “查找多音字”对话框

❹ 在查找完多音字以后,系统自动为所有的汉字加拼音,对于其中多音字,则按照记录下来的用户选择加注拼音,结果如图 3.4 所示。

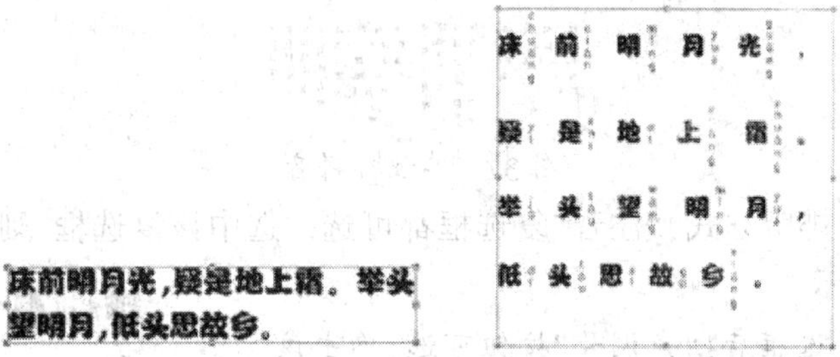

原文字块　　　　自动加拼/注音后的文字块

图 3.4 给汉字加拼音

❺ 如果要取消自动拼/注音,则选中要取消拼/注音的文字块,然后打开“拼注音设置”对话框,选中“取消拼/注音”单选按钮,单击“确定”按钮即可。

注意：

❶ 当使用拼注音插件自动为文字加上了拼音或注音后，如果用户单独选中某一个拼音或注音欲修改其属性(如字体号、颜色等)，应该使用“文字”菜单下的“拼/注音排版”命令，或者按照修改普通文字属性的方法进行定义。不建议使用拼注音插件中的功能去修改。

❷ 汉字加了拼音后，汉字和它的拼音就分别以一个盒子的形式存在。当一个文字块加了拼音以后，用文字工具将光标插入点放在文字块中，这时候光标不在任何一个汉字或拼音盒子中，如果想使光标进入某一个汉字盒子或者拼音盒子需要使用下列方法：

Ctrl+右方向键：进入光标当前位置的后面的一个汉字盒子之中。

Ctrl+左方向键：进入光标当前位置的前面的一个汉字盒子之中。

Tab 键：从汉字盒子中切换到拼音盒子中以及汉字盒子和拼音盒子之间的互相切换。

(2) “拼/注音设置”对话框中的各选项介绍

拼注音排版方式：用来选择拼音的排版方式。选择“汉字加拼/注音”，则“位置”选项组和“与汉字间距”选项组被激活，可以选择排拼/注音的位置并设置拼/注音与汉字的间距。选择各种位置加拼音的效果如图 3.5 所示。

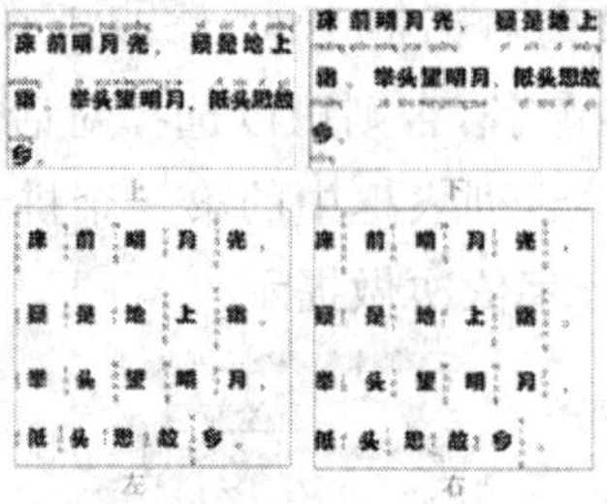

图 3.5 加拼/注音的位置

选择“单独排拼/注音”，则在文字排版方向上加拼/注音，拼/注音与汉字的间距自动设置。其效果如图 3.6 所示。

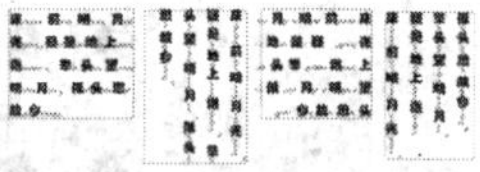

图 3.6 单独排拼音

选择以上两种排版方式，“注音”复选框都可选。选中该复选框，则是给汉字加注音。其效果如图 3.7 所示。

注意：选中该复选框后，“声调号”按钮可选，单击该按钮，弹出“声调号设置”对话框，如图 3.8 所示。此对话框用来设置声调的字号、字体和颜色以及声调与注音的间距及偏移量。

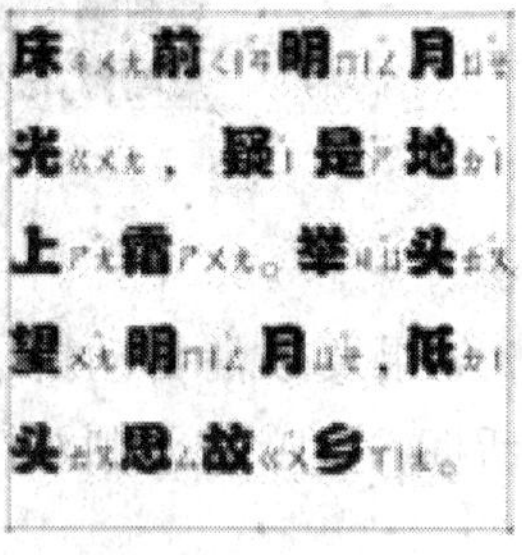

图 3.7 注音

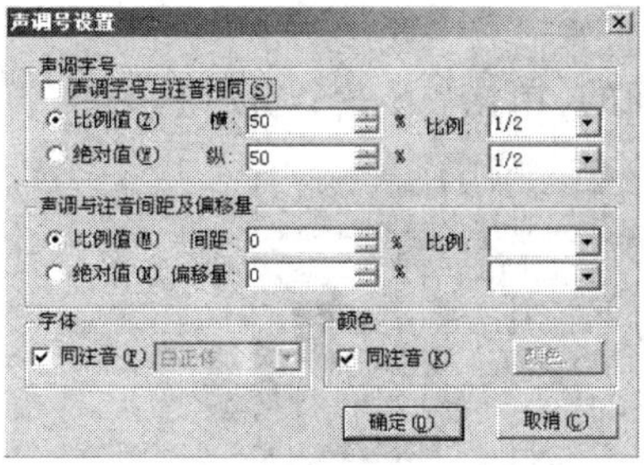

图 3.8 “声调号设置”对话框

“所有续排块”、“当前块及以前”、“当前块及以后”或“当前块”：用来设置加拼/注音的文字块。这几个选项用在几个文字块互相连接，选中其中一个文字块的情况，可以选择加拼/注音的范围。

“指定单个拼注音盒子宽度/高度”：可以对拼音指定一个统一的宽度以达到上下行文字能够对齐的效果。

“标点符号、空格保持原有宽度”：选择该选项，文字块在加了拼注音以后，里面的标点符号或者空格保持原来的宽度不变。否则，标点符号或者空格的宽度与文字加上拼注音以后的宽度一致。

“存为缺省值”：将当前设置的参数保存为默认值，便于以后重复使用。

“应用缺省值”：使用上次保存的默认值。

注意：横纵字号百分比的范围是 0%~100%，与汉字间距的百分比范围是−100%~100%。

3.2 查找多音字

拼注音插件还单独提供了一个查找多音字的功能，可以通过“查找多音字(拼音)”和“查找多音字(注音)”命令，重新选择多音字的拼注音规则。

查找多注音字和查找多拼音字的方法一样。下面以查找多拼音字为例，介绍查找多音字的操作步骤。

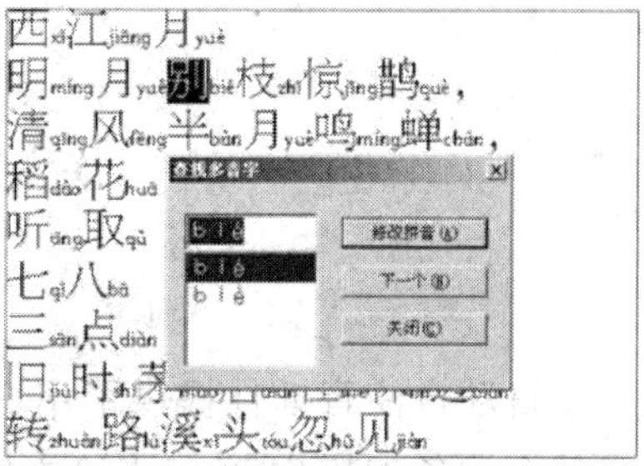

图 3.9 “查找多音字”对话框

❶ 用 T 型工具选中要查找的部分文字，单击“版面”|“软插件”|“拼/注音”|“查找多音字(拼音)”命令。飞腾会弹出“查找多音字”对话框，如果选中的文字中含有多音字，则被找到的第 1 个多音字反显(涂黑)，并在字音列表框中列出该字的所有拼音，如图

3.9 所示。

❷ “别”字的拼音是正确的，单击“下一个”按钮，查找下一个多音字，如图 3.10 所示。

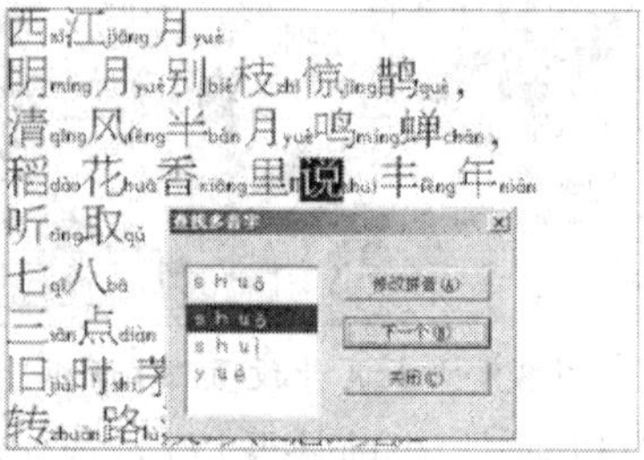

图 3.10　找下一个多音字

❸ “说”字在这里应该读“ shuō ”。在字音列表框中选择 shuō，单击“修改拼音”按钮，系统会记录下来用户的修改，如果该文字块中还有多音字，继续自动选中下一个多音字，如图 3.11 所示。每一次系统会自动记录用户的选择。

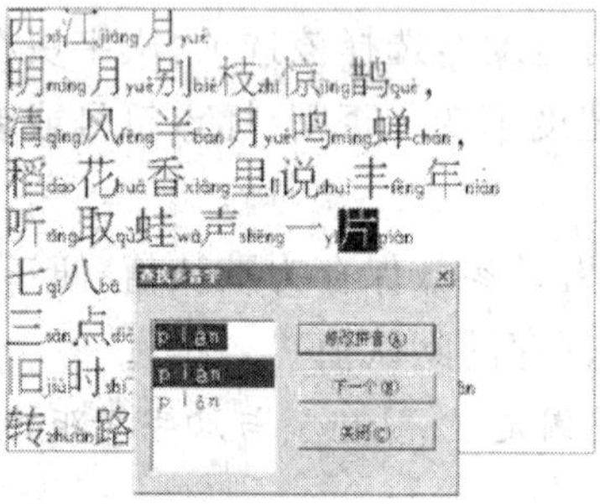

图 3.11　改拼音

❹ 根据情况，反复执行第(2)或第(3)步。文字块中的所有多音字都被找到后，会弹出对话框，表示查找完毕，如图 3.12 所示。

图 3.12　查找多音字结束提示

❺ 单击“确定”按钮，结束查找，系统将所有用户指定修改的多音字重新加拼音。

注意：查找多拼注音字的功能仅限于在选中文字的范围内执行。

3.3 管理用户拼/注音库

自动拼注音插件提供了用户拼/注音库，允许用户自己添加拼/注音规则，如为某个字或某个词条加拼/注音。当给文字加拼/注音时，自动拼注音插件采用用户定义优先的原则。使用用户拼/注音库扩大了可以加注拼/注音的汉字的范围。

管理用户拼/注音库的操作步骤如下：

❶ 单击“版面”|“软插件”|“拼/注音”|“用户拼音库”(或“用户注音库”)命令，会弹出“用户拼音库”(或“用户注音库”)对话框，如图 3.13 所示。

图 3.13 “用户拼音库”对话框

❷ 在“用户拼音库”对话框的文本框中输入“欲说还休 yù shuō huán xiū”，然后单击“加入”按钮，即可把拼音规则加入用户拼音库，如图 3.14 所示。

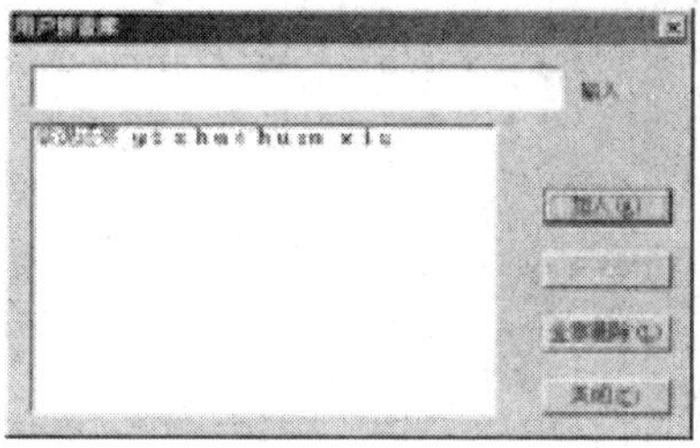

图 3.14 加拼音规则

注意：用户输入的字(或词)与其拼/注音之间要有一个空格，每个拼/注音之间也要有一个空格，否则，自动拼注音插件会报错。在文本框中最多允许输入 100 个字符。

❸ 如果要删除库中的某一条规则，选中该规则，单击“删除”按钮。要清空拼音库中的所有规则，单击“全部删除”按钮。

❹ 单击“关闭”按钮，关闭“用户拼音库”对话框。

❺ 添加该规则前系统还要对“说”和“还”分别做多音字的提示，添加该规则后，系统不会再做提示，自动加拼音的效果如图 3.15 所示。

图 3.15 用户拼音库加拼音

注意：第一次使用拼注音插件的“用户拼音库”功能后，飞腾的安装目录下会自动生成一个文件 PY_GB_USER.DAT，这个文件的作用是记录用户自定义的拼音规则。在卸载拼注音插件或者飞腾以后，这个文件会被保留，如果在同一个目录下重新安装飞腾或插件以后，以前用户自定义的拼音规则仍然有效。如果在另外一个目录下重新安装飞腾或插件，则需要将

PY_GB_USER.DAT 这个文件拷贝到新的目录中,这样以前的自定义拼音规则也仍然有效。

建议用户在更新系统之前注意保留这个文件。用户自定义注音库所对应的文件是 ZY_GB_USER.DAT。

第四章 文字转表格

【本章习题】

习题一：如何将带 TAB 键的文本转化为飞腾表格？

【关键技巧】

- TAB 键
- 插入盒子
- 表格行列操作

飞腾 4.1 专业版新增对文字块转换为表格的功能，它的基本原理是飞腾可以识别文字块中的 TAB 键，并将其转变为表格。

飞腾 4.1 专业版在选中文字块的右键菜单中，新增“转换为表格”选项，若要实现文字转表格，操作步骤如下：

❶ 在需要转换为单元格的文字之间输入 Tab 键，需要转换为表行的地方输入回车符，如图 4.1 所示。

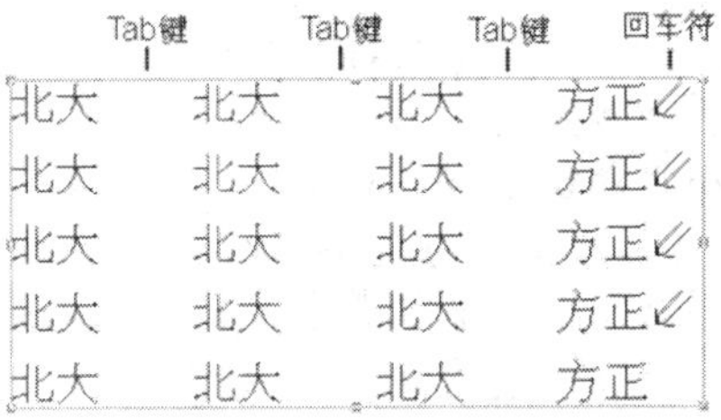

图 4.1 文字块中录入 Tab 键、回车符

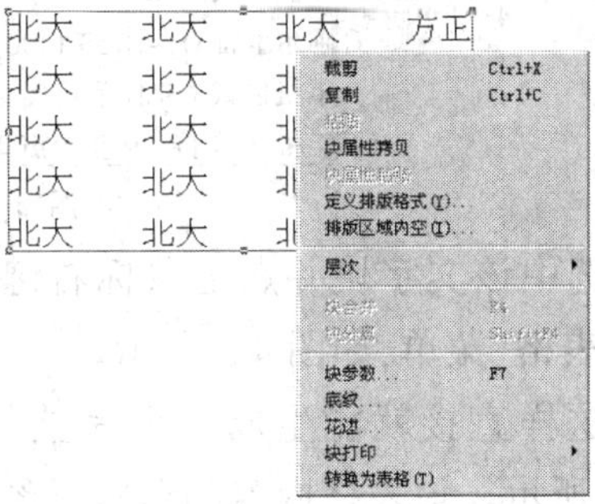

图 4.2 文字块右键菜单“转换为表格”

❷ 选中文字块，在右键菜单中选择“转换为表格”，如图 4.2 所示。

❸ 转换结果如图 4.3 所示，在生成表格的同时原文字块保留。

通过文字转表格功能，我们还可以设计一些比较复杂的表格效果，如图 4.4 所示是一个相对复杂的手机报价单，我们可以结合表格功能很快的实现该表格样式。

北大	北大	北大	方正
北大	北大	北大	方正
北大	北大	北大	方正
北大	北大	北大	方正
北大	北大	北大	方正

图 4.3 转换结果

产品名称	参考报价	商家	评论	手册	产品图片
BenQ Z2	2700	商家	↑83% ↓16%	手册	
手机制式:GSM\ 手机类型:直立式 \ 数码相机像素(万):130\ 智能手机:不支持 \ 和弦铃声:40 和弦铃声 \ 内屏颜色:26 万色					
TCL 768	1680	商家	评论		
手机制式:GSM\ 手机类型:双屏折叠式 \ 数码相机像素(万):130\ 智能手机:不支持 \ 和弦铃声:64 和弦铃声 \ 内屏颜色:26 万色					
阿尔卡特 OT-C753	1400	商家	评论		
手机制式:GSM\ 手机类型:折叠式 \ 数码相机像素(万):30\ 智能手机:不支持 \ 和弦铃声:40 和弦铃声 \ 内屏颜色:26 万色					

图 4.4 复杂表格效果

该复杂表格制作过程如下:

❶ 灌入表格的文字小样，在该文字小样中，每个表项内容间都是用 TAB 键进行分隔，如图 4.5 所示是该文字小样内容。

产品名称 参考报价 商家评论手册产品图片
BenQ Z2 2700 商家 ↑83% ↓16% 手册
手机制式:GSM\ 手机类型:直立式 \ 数码相机像素(万):130\ 智能
手机:不支持 \ 和弦铃声:40 和弦铃声 \ 内屏颜色:26 万色
TCL 768 1680 商家评论
手机制式:GSM\ 手机类型:双屏折叠式 \ 数码相机像素(万):130\
智能手机:不支持 \ 和弦铃声:64 和弦铃声 \ 内屏颜色:26 万色
阿尔卡特 OT-C753 1400 商家评论
手机制式:GSM\ 手机类型:折叠式 \ 数码相机像素(万):30\ 智能
手机:不支持 \ 和弦铃声:40 和弦铃声 \ 内屏颜色:26 万色

图 4.5 文字小样内容

❷ 选中该文字块并点击鼠标右键菜单中“转换为表格”菜单，如图 4.6 所示。

❸ 这样直接就能生成一个完整的表格，如图 4.7 所示，该表格内容和形状已经基本形成，剩下的操作只需要将表格单元格、表格文字以及表格中的图片进行设置，具体功能将涉及到单元格合并、插入盒子、设置线型等操作。

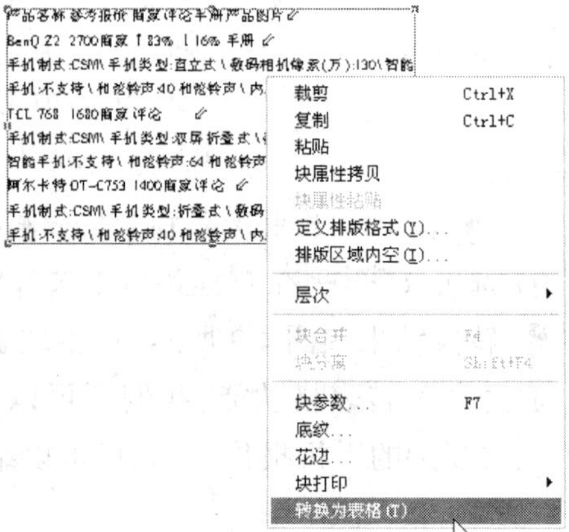

图 4.6 文字转表格菜单

产品名称	参考报价	商家	评论	手册	产品图片
BenQ Z2	2700	商家	↑83% ↓16%	手册	
手机制式:GSM\手机类型:直立式\数码相机像素(万):130\智能手机:不支持\和弦铃声:40 和弦铃声\内屏颜色:26 万色					
TCL 768	1680	商家	评论		
手机制式:GSM\手机类型:双屏折叠式\数码相机像素(万):130\智能手机:不支持\和弦铃声:64 和弦铃声\内屏颜色:26 万色					
阿尔卡特 OT-C753	1400	商家	评论		
手机制式:GSM\手机类型:折叠式\数码相机像素(万):30\智能手机:不支持\和弦铃声:40 和弦铃声\内屏颜色:26 万色					

图 4.7 文字转表格后生成的表格效果

❹ 选中表格工具▦,选中表格第 3 行的头五个表格单元格,如图 4.8 所示,点击鼠标右键,点击图中"合并"菜单,此时可以将被选中的五个单元格合并为一个单元格,或者我们可以运用表格工具▦选中这五个单元格后,直接点击快捷键"M",同样能实现单元格合并效果。然后我们可以使用同样的方法,分别选中第 5、7 行的头五个单元格,并将他们合并,合并后的效果如图 4.9 所示。

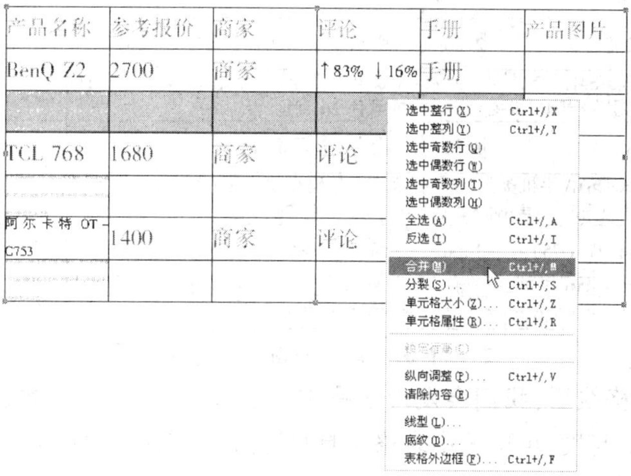

图 4.8 选中表格单元格进行"合并"菜单

❺ 从图 4.4 的表格效果中我们可以看出,表格中的图片部分占据两行的位置大小,这样就需要将表格的"产品图片"列项下的单元格分别进行合并,同样运用第 4 步中的方法进行合并单元格,

产品名称	参考报价	商家	评论	手册	产品图片
BenQ Z2	2700	商家	↑83% ↓16%	手册	
手机制式:GSM\手机类型:直立式\数码相机像素(万):130\智能手机:不支持\和弦铃声:40 和弦铃声\内屏颜色:26 万色					
TCL 768	1680	商家	评论		
手机制式:GSM\手机类型:双屏折叠式\数码相机像素(万):130\智能手机:不支持\和弦铃声:64 和弦铃声\内屏颜色:26 万色					
阿尔卡特 OT-C753	1400	商家	评论		
手机制式:GSM\手机类型:折叠式\数码相机像素(万):30\智能手机:不支持\和弦铃声:40 和弦铃声\内屏颜色:26 万色					

图 4.9 合并单元格后表格效果

合并后的效果如图 4.10 所示。

产品名称	参考报价	商家	评论	手册	产品图片
BenQ Z2	2700	商家	↑83% ↓16%	手册	
手机制式:GSM\ 手机类型:直立式 \ 数码相机像素(万):130\ 智能手机:不支持 \ 和弦铃声:40 和弦铃声 \ 内屏颜色:26 万色					
TCL 768	1680	商家	评论		
手机制式:GSM\ 手机类型:双屏折叠式 \ 数码相机像素(万):130\ 智能手机:不支持 \ 和弦铃声:64 和弦铃声 \ 内屏颜色:26 万色					
阿尔卡特 OT-C753	1400	商家	评论		
手机制式:GSM\ 手机类型:折叠式 \ 数码相机像素(万):30\ 智能手机:不支持 \ 和弦铃声:40 和弦铃声 \ 内屏颜色:26 万色					

图 4.10 合并表格中“产品图片”列项单元格后效果

❻ 现在可以把表格中各列的宽度进行相应调整，选中表格工具后，直接将光标移动到需要调整的表格线上此时鼠标变为 ⇹，按住鼠标左键后，将鼠标左右移动，就可以调整表格线条的位置，如图 4.11 所示为调整线条位置后的表格效果。

产品名称	参考报价	商家	评论	手册	产品图片
BenQ Z2	2700	商家	↑83% ↓16%	手册	
手机制式:GSM\ 手机类型:直立式 \ 数码相机像素(万):130\ 智能手机:不支持 \ 和弦铃声:40 和弦铃声 \ 内屏颜色:26 万色					
TCL 768	1680	商家	评论		
手机制式:GSM\ 手机类型:双屏折叠式 \ 数码相机像素(万):130\ 智能手机:不支持 \ 和弦铃声:64 和弦铃声 \ 内屏颜色:26 万色					
阿尔卡特 OT-C753	1400	商家	评论		
手机制式:GSM\ 手机类型:折叠式 \ 数码相机像素(万):30\ 智能手机:不支持 \ 和弦铃声:40 和弦铃声 \ 内屏颜色:26 万色					

图 4.11 调整线条位置后的表格效果

❼ 调整完表格线后，我们会发现表格中的内容占位较多，需要调整表格的高度，以便表格适合文字的高度，再次选中表格工具，点击右键后选择“全选”菜单，或者直接点快捷键“A”，此时表格所有单元格被选中，然后选择菜单“表格|行列操作|调整行高”，如图 4.12 所示，或者可以使用快捷键“Ctrl F7”。

❽ “调整行高”后的表格所有行将自动按照表格中文字的内容进行调整，并调整为最适合文字高度的效果，如图 4.13 为调整后的效果。

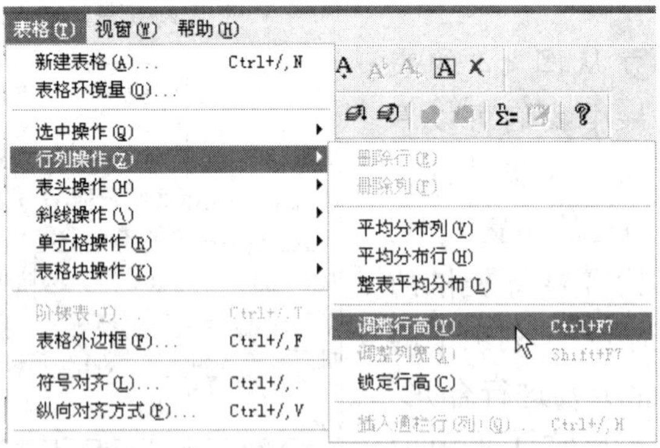

图 4.12 “调整行高”表格菜单

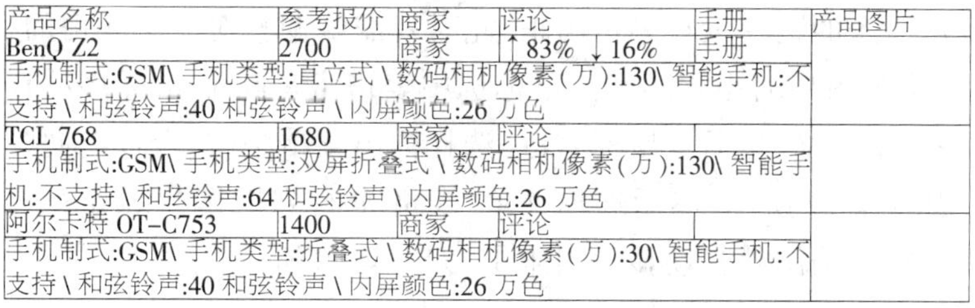

产品名称	参考报价	商家	评论	手册	产品图片
BenQ Z2	2700	商家	↑83% ↓16%	手册	
手机制式:GSM\ 手机类型:直立式 \ 数码相机像素(万):130\ 智能手机:不支持 \ 和弦铃声:40 和弦铃声 \ 内屏颜色:26 万色					
TCL 768	1680	商家	评论		
手机制式:GSM\ 手机类型:双屏折叠式 \ 数码相机像素(万):130\ 智能手机:不支持 \ 和弦铃声:64 和弦铃声 \ 内屏颜色:26 万色					
阿尔卡特 OT-C753	1400	商家	评论		
手机制式:GSM\ 手机类型:折叠式 \ 数码相机像素(万):30\ 智能手机:不支持 \ 和弦铃声:40 和弦铃声 \ 内屏颜色:26 万色					

图 4.13 “调整行高”后的表格效果

❾ 此时可以将表格中所需的三个图片插入表格中，先灌入所需图片内容，选中菜单“文字”|“插入盒子”，如图 4.14 所示，这样就可以将图片作为盒子直接插入到表格中，运用“选取”工具 ↖ 选择第一个图片，点击鼠标右键，选择“复制”，如图 4.15 所示，或按快捷键“Ctrl C”进行复制。

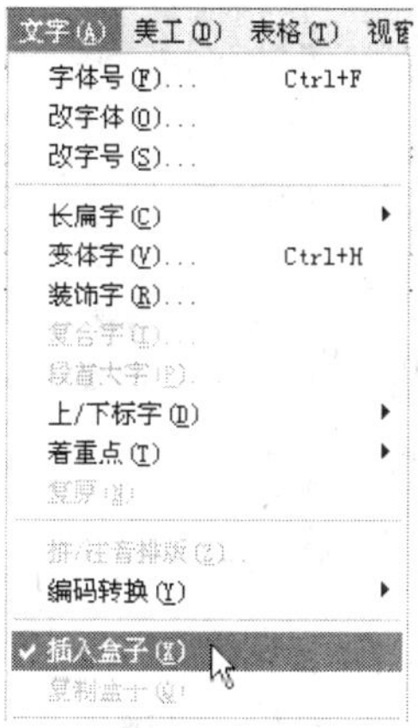

图 4.14 “插入盒子”菜单

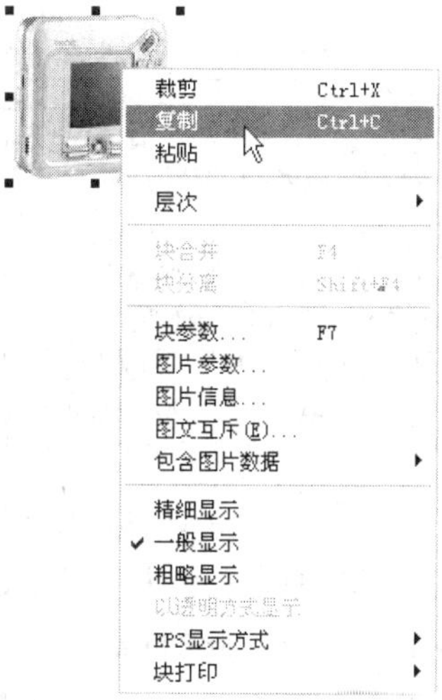

图 4.15 复制图片菜单

❿ 用“文字”工具 **T** 到对应的表格单元格中进行“粘贴”操作，如图 4.16 所示，对另外两个图片可以同样的方法插入到表格中。

⓫ 插入图片后的表格样式与图 4.13 一致，由于该表格的单元格属性被设为“文字自缩”，而被插入的图片的大小正好大于表格单元

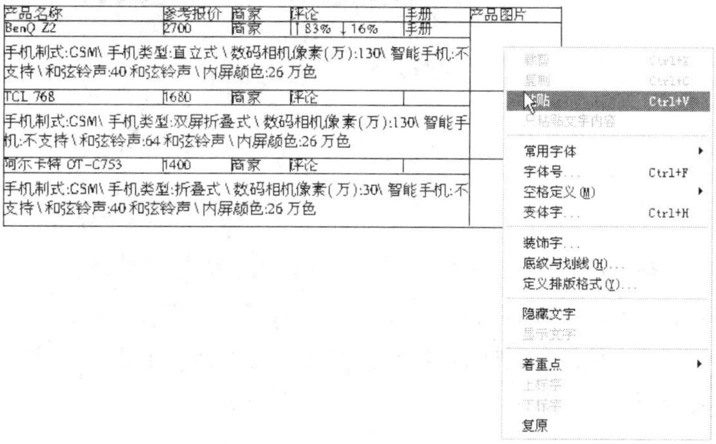

图 4.16 粘贴图片到表格

格的大小，导致被插入的图片没有显示出来，此时就需要调整对应单元格的行高，以便使表格的单元格大小与图片大小相匹配。鼠标选中表格工具▦，将鼠标移动到表格上单击选中其中任意一个单元格，然后点鼠标右键，选择弹出菜单中的“全选”，此时表格所有单元格都被选中，如图 4.17 所示，然后选择菜单“表格”|“行列操作”|“调整行高”，如图 4.12 所示，调整后的表格中的图片自动显示出来了，如图 4.18 所示。

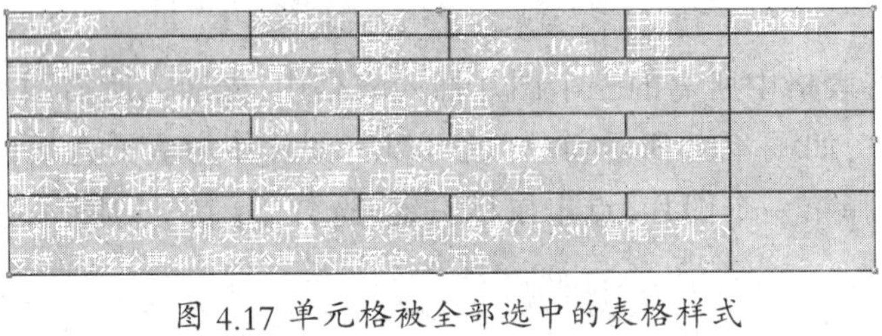

图 4.17 单元格被全部选中的表格样式

产品名称	参考报价	商家	评论	手册	产品图片
BenQ Z2	2700	商家	↑83% ↓16%	手册	
手机制式:GSM\ 手机类型:直立式 \ 数码相机像素(万):130\ 智能手机:不支持 \ 和弦铃声:40 和弦铃声 \ 内屏颜色:26 万色					
TCL 768	1680	商家	评论		
手机制式:GSM\ 手机类型:双屏折叠式 \ 数码相机像素(万):130\ 智能手机:不支持 \ 和弦铃声:64 和弦铃声 \ 内屏颜色:26 万色					
阿尔卡特 OT-C753	1400	商家	评论		
手机制式:GSM\ 手机类型:折叠式 \ 数码相机像素(万):30\ 智能手机:不支持 \ 和弦铃声:40 和弦铃声 \ 内屏颜色:26 万色					

图 4.18 “调整行高”后显示出图片的表格

⑫ 运用上一步中同样方法，运用表格工具▦将表格单元格全部选中，点鼠标右键，选择弹出菜单中的“线型”，此时弹出“单元格线型”对话框，如图 4.19 所示，在该对话框中设置“中间线”为线型“单虚线”，以及“上/左线宽”为“1”，再设置“边线”为“单实线”，线宽为“4”，点击“确定”后表格样式变为如图 4.20 所示。

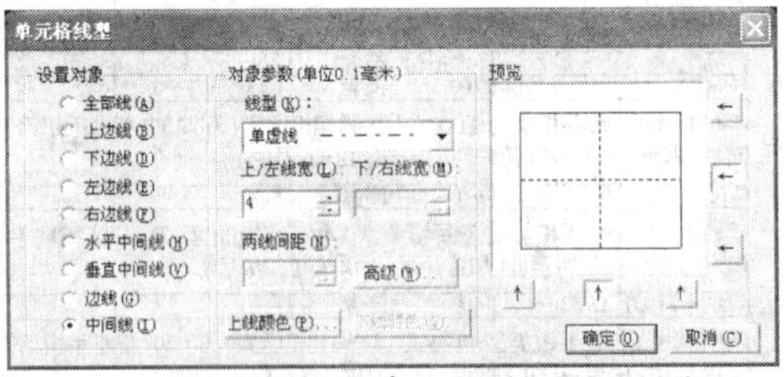

图 4.19 “单元格线型”对话框

⑬ 设置完表格的线型后，可以设置表头的属性，运用表格工具▦选中表格第一行内容后，可以直接像设置一般文字块的属性一样，将它们设置为“大黑体，白色，居中对齐”等属性，再点击鼠标右键点击“底纹”后将弹出底纹对话框，如图 4.21 所示，设定该底纹为灰黑色。

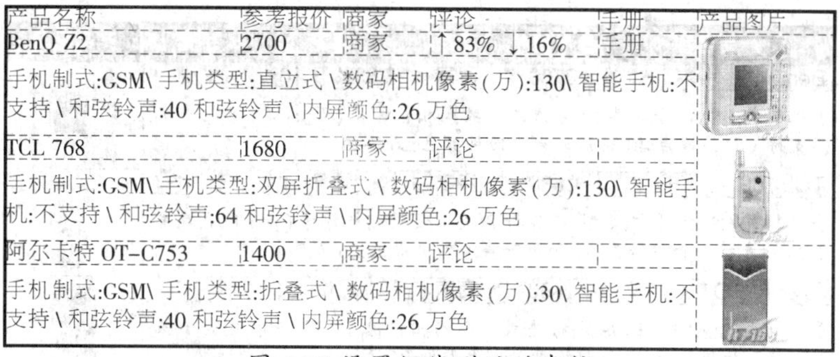

产品名称	参考报价	商家	评论	手册	产品图片
BenQ Z2	2700	商家	↑83% ↓16%	手册	
手机制式:GSM\ 手机类型:直立式\数码相机像素(万):130\ 智能手机:不支持\和弦铃声:40 和弦铃声\内屏颜色:26 万色					
TCL 768	1680	商家	评论		
手机制式:GSM\ 手机类型:双屏折叠式\数码相机像素(万):130\ 智能手机:不支持\和弦铃声:64 和弦铃声\内屏颜色:26 万色					
阿尔卡特 OT-C753	1400	商家	评论		
手机制式:GSM\ 手机类型:折叠式\数码相机像素(万):30\ 智能手机:不支持\和弦铃声:40 和弦铃声\内屏颜色:26 万色					

图 4.20 设置好线型后的表格

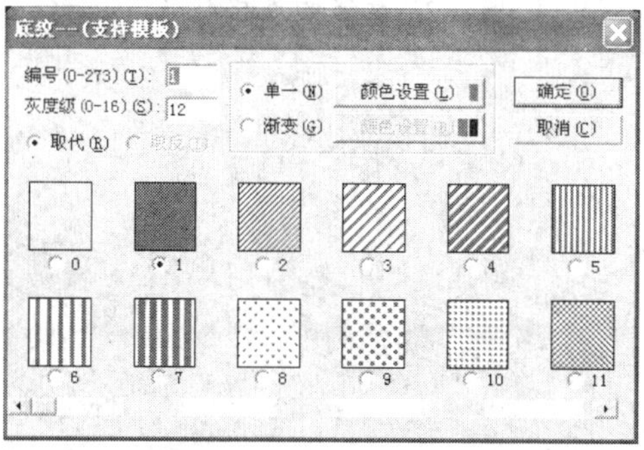

图 4.21 设置底纹对话框

⓮ 此时运用表格工具▦将最右边一列选中，并设置对齐方式为居中对齐，再将移动第一行的下边线上，按住 Shift 键的同时点住鼠标左键，并往下稍微拖动鼠标，使得第一行的高度与要求基本适合。形成的表格如图 4.22 所示。

产品名称	参考报价	商家	评论	手册	产品图片
BenQ Z2	2700	商家	↑83% ↓16%	手册	
手机制式:GSM\ 手机类型:直立式\数码相机像素(万):130\ 智能手机:不支持\和弦铃声:40 和弦铃声\内屏颜色:26 万色					
TCL 768	1680	商家	评论		
手机制式:GSM\ 手机类型:双屏折叠式\数码相机像素(万):130\ 智能手机:不支持\和弦铃声:64 和弦铃声\内屏颜色:26 万色					
阿尔卡特 OT-C753	1400	商家	评论		
手机制式:GSM\ 手机类型:折叠式\数码相机像素(万):30\ 智能手机:不支持\和弦铃声:40 和弦铃声\内屏颜色:26 万色					

图 4.22 设定好第一行后的表格样式

⓯ 选择表格工具▦的同时按住 Ctrl 键，鼠标光标可直接选中第二、四、六行的文字内容，运用第 13 步的方法设置它们的底纹为浅灰色，同样再选中第三、五、七行的文字内容，将其设定为“楷体”，即可形成最终需要的表格样式，如图 4.23 所示。

产品名称	参考报价	商家	评论	手册	产品图片
BenQ Z2	2700	商家	↑83% ↓16%	手册	
手机制式:GSM\ 手机类型:直立式 \ 数码相机像素(万):130\ 智能手机:不支持 \ 和弦铃声:40 和弦铃声 \ 内屏颜色:26 万色					
TCL 768	1680	商家	评论		
手机制式:GSM\ 手机类型:双屏折叠式 \ 数码相机像素(万):130\ 智能手机:不支持 \ 和弦铃声:64 和弦铃声 \ 内屏颜色:26 万色					
阿尔卡特 OT-C753	1400	商家	评论		
手机制式:GSM\ 手机类型:折叠式 \ 数码相机像素(万):30\ 智能手机:不支持 \ 和弦铃声:40 和弦铃声 \ 内屏颜色:26 万色					

图 4.23 最终的表格样式

第五章 表格常用技巧

【本章习题】

习题一：如何快速选取表格单元格？

习题二：如何制作分页表？

【关键技巧】

- 表格选取操作
- 表格行列操作
- 设置表格线型/底纹
- 设置表头
- 表格灌文

飞腾 4.1 专业版的表格较飞腾 3.1 等老版本有非常大的变化，很多朋友都感觉不好掌握，实际上只要掌握一定的技巧是可以很快提升操作水平的。在本章中我们将表格功能分成单元格操作、分页表操作、表格线型等方面技巧进行介绍。

5.1 单元格操作

(1) 单元格选取

在飞腾表格中，要选取单元格，可以非常快速的实现，步骤如下：

❶ 选取表格工具▦。

❷ 直接按住鼠标左键，直接选取表格的单元格即可选中所需单元格。

❸ 若需选中表格整行，用鼠标左键点击表格所在行的任意单元格，此时有一个单元格被选中，在输入法为英文的状态下，点击快捷键“X”，即可选中整行，如图 5.1 所示。

❹ 若需选中表格整列，用鼠标左键点击表格所在列的任意单元格，此时有一个单元格被选中，在输入法为英文的状态下，点击快捷键“Y”，即可选中整列，如图 5.2 所示。

❺ 若需选中全部表格，用鼠标左键点击表格的任意单元格，此时有一个单元格被选中，在输入法为英文的状态下，点击快捷键“A”，即可选中表格的所有单元格，如图 5.3 所示。

❻ 若需反选表格单元格，用鼠标左键点击表格的任意单元格，此时有一个单元格被选中，在输入法为英文的状态下，点击快捷键“I”，即可反选表格的所有单元格，如图 5.4 所示。

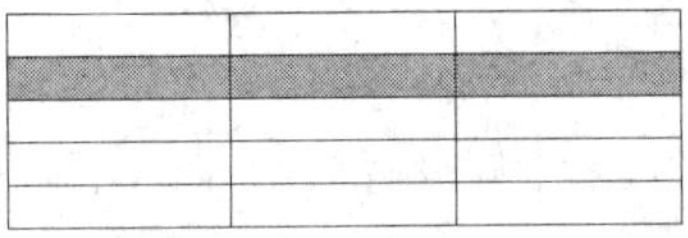
图 5.1 选中整行单元格

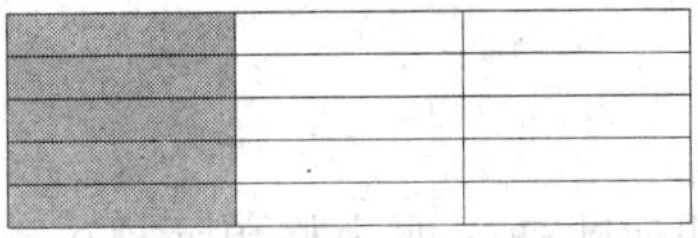
图 5.2 选中整列单元格

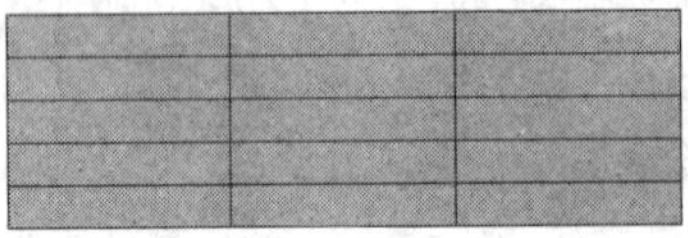
图 5.3 选中全部单元格

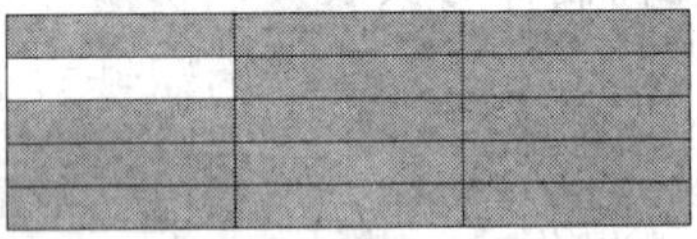
图 5.4 反选单元格

(2) 单元格合并

❶ 选取表格工具。

❷ 按住鼠标左键，选取需要合并的表格单元格，如图 5.5 所示。

❸ 在输入法为英文的状态下，点击快捷键“M”，即可合并所选的表格单元格，如图 5.6 所示。

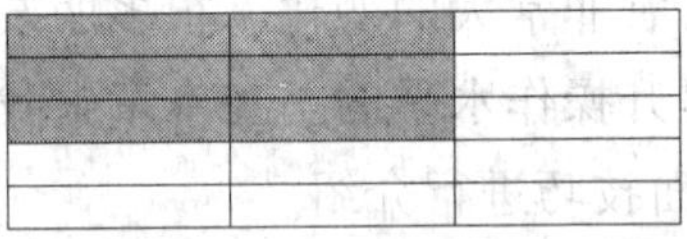
图 5.5 选中需要合并的单元格

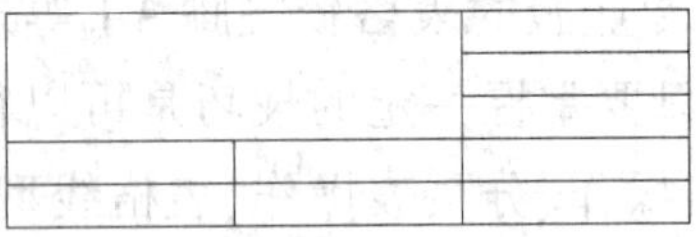
图 5.6 表格合并后的效果

❹ 对其他需要的单元格，可以重复前三个步骤。

(3) 单元格分裂

❶ 选取表格工具。

❷ 按住鼠标左键，选取需要分裂的表格单元格，如图 5.7 所示。

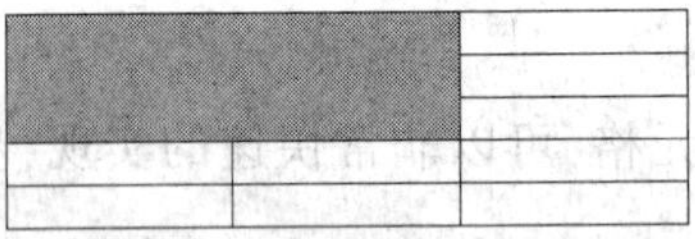
图 5.7 选中需要分裂的单元格

❸ 在输入法为英文的状态下，点击快捷键“S”，弹出“分裂单元格”对话框，如图 5.8 所示。

❹ 在对话框中设定行数和列数都为“2”，点击确定后，即可分裂所选的表格单元格，如图 5.9 所示为分裂后的结果。

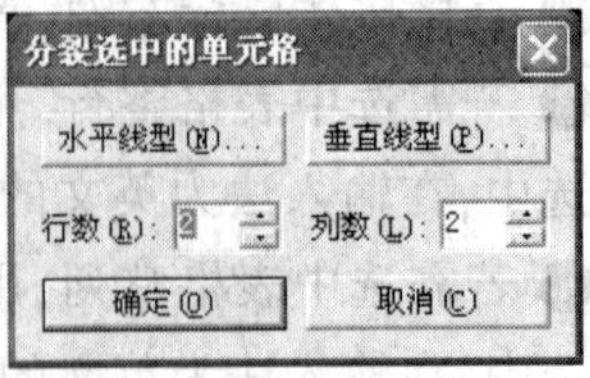

图 5.8 单元格分裂设置对话框

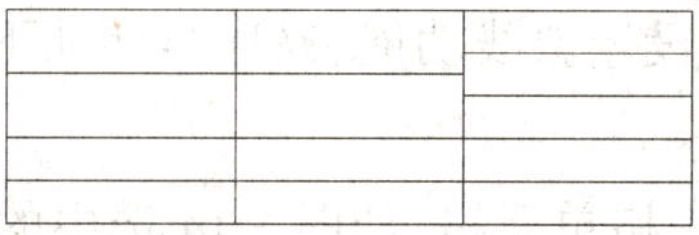

图 5.9 表格分裂后的效果

❺ 对其他需要分裂的单元格，可以重复前四个步骤。

(4) 增加/删除行(列)

❶ 在飞腾 4.1 专业版中，新增了表格的工具栏，如图 5.10 所示，该工具栏从左到右分别表示箭头、画笔、橡皮、删除行、插入行、删除列、插入列功能。

图 5.10 表格工具条

❷ 若要增加行，首先选择表格工具，选中需要增加行的位置，点击图 5.10 中的插入行的图标，此时弹出“插入行”对话框，如图 5.11 所示，询问插入的位置，点击确定后即可增加一行。

❸ 若要增加列，首先选择表格工具，选中需要增加行的位置，点击图 5.10 中的插入列的图标，此时弹出“插入列”对话框，如图 5.12 所示，询问插入的位置，点击确定后即可增加一列。

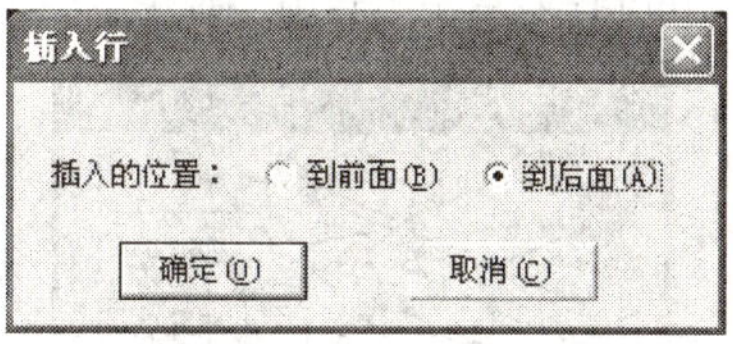

图 5.11 “插入行”对话框

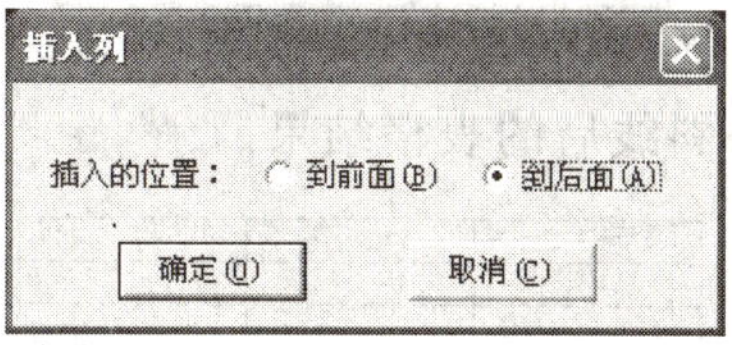

图 5.12 “插入列”对话框

❹ 若要删除行/列，首先选择表格工具，选中需要删除行/列的位置，点击图 5.10 中的删除行/列的图标，此时弹出确认对话框，如图 5.13 所示，确认是否删除，点击确定后即可删除选择的行/列。

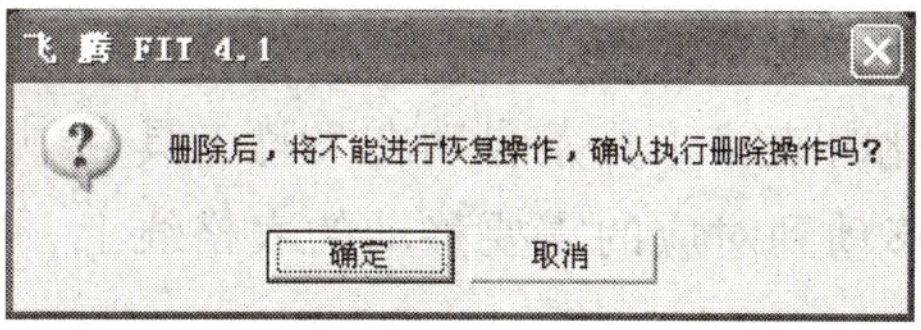

图 5.13 删除行/列确认对话框

注意：目前的飞腾表格不支持撤销操作。

(5) 设置斜线

飞腾 4.1 专业版表格支持设置斜线功能,操作步骤如下:

❶ 选择表格工具。

❷ 选中需要设置斜线的表格单元格,如图 5.14 选中的第 1 行的第 1 列的单元格。

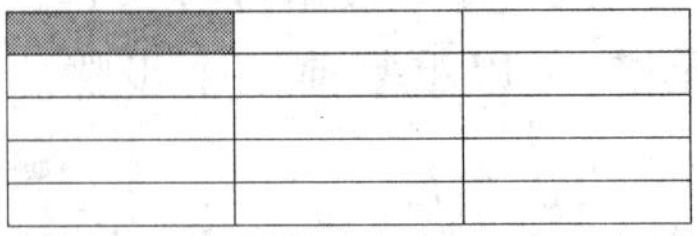

图 5.14 选中第 1 行第 1 列的单元格

❸ 选择菜单“表格”|“斜线操作”|“类型”命令,如图 5.15 所示。

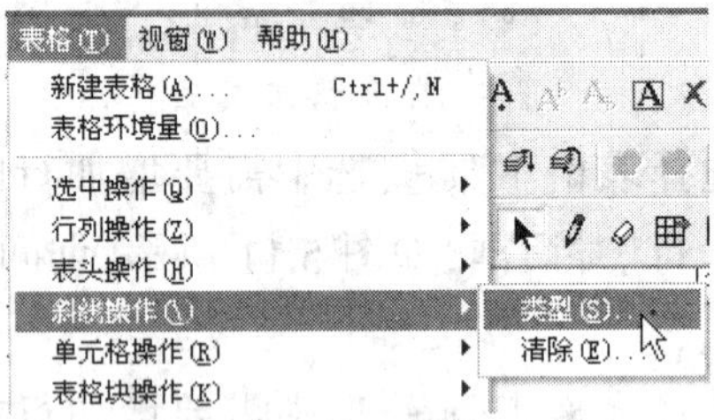

图 5.15 选择表格斜线菜单

❹ 此时弹出“设置斜线类型”对话框,如图 5.16 所示,在图中我们可以看出总共可以设置 14 种斜线类型,选择需要的斜线类型,单击“确定”。

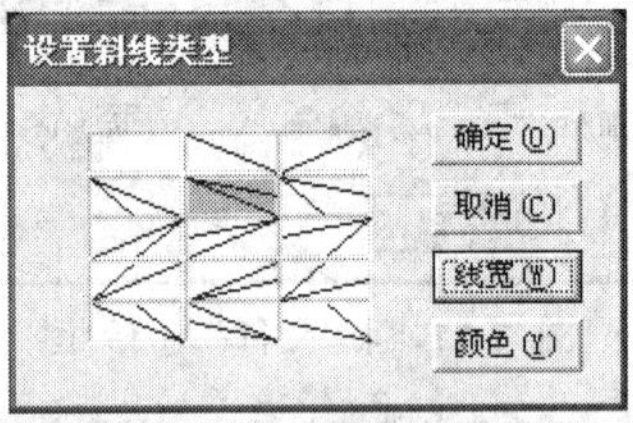

图 5.16 “设置斜线类型”对话框

❺ 如图 5.17 为设置表格斜线后的表格结果。

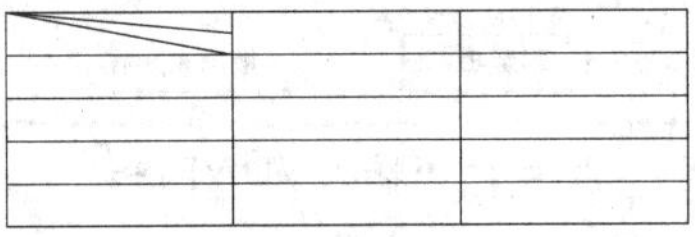

图 5.17 设置斜线后的表格

(6) 移动表格线条

在飞腾 4.1 专业版的表格中,共有三种基本的移动表格线条的方法:

方法一:用表格工具直接移动表线

❶ 选择表格工具 ,此时表格工具条自动在飞腾工具栏中显示,如图 5.10 所示。

❷ 直接将鼠标光标移动到对应的需要移动的表格线上,本样例假设移动到第 2 行下边线中间的位置。

❸ 按住鼠标左键,向下移动对应表线,如图 5.18 所示为移动后的结果。

方法二:结合 Shift 键移动表线

❶ 选择表格工具,此时表格工具条自动在飞腾工具栏中显示,如图 5.10 所示。

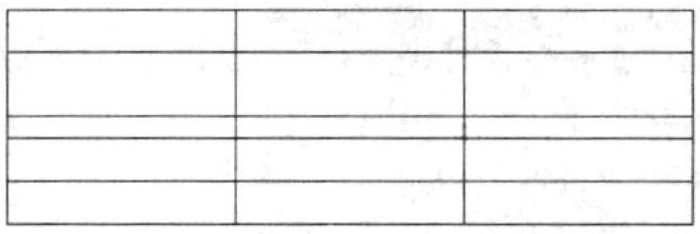

图 5.18 直接移动表线的结果

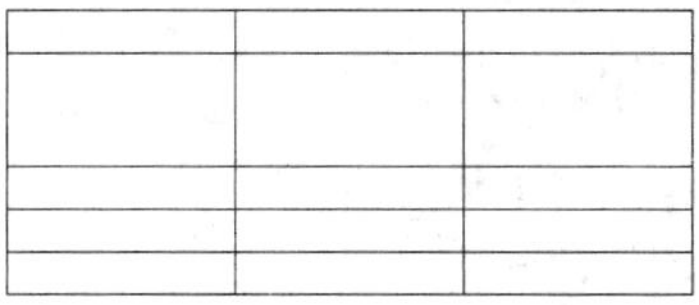

图 5.19 结合 Shift 键移动表线的结果

❷ 直接将鼠标光标移动到对应的需要移动的表格线上，本样例假设移动到第 2 行下边线中间的位置。

❸ 先按住 Shift 键,然后按住鼠标左键,向下移动对应表线,如图 5.19 所示为结合 Shift 键移动后的结果。

方法三:结合 Ctrl 键移动表线

❶ 选择表格工具▦,此时表格工具条自动在飞腾工具栏中显示,如图 5.10 所示。

❷ 直接将鼠标光标移动到对应的需要移动的表格线上，本样例假设移动到第 2 行下边线中间的位置。

❸ 先按住 Ctrl 键，然后按住鼠标左键，向下移动对应表线，如图 5.20 所示为结合 Shift 键移动后的结果。

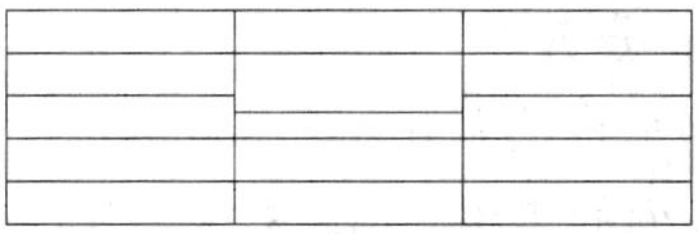

图 5.20 结合Ctrl键移动表线的结果

5.2 分页表操作

分页表在我们的实际操作中会经常用到,就像一篇文章有可能跨多页一样,一个表格内容同样也可能跨多页,这样就需要用到分页表的功能。飞腾 4.1 专业版中制作分页表有三种方法,本节同时还将介绍设置表头、分页表如何合并等情况。

(1) 制作分页表

方法一:直接新建分页表

❶ 执行“表格”|“新建表格命令”,弹出“新建表格”对话框,如图 5.21 所示。

❷ 我们按照图 5.21 中所示的内容分别对表格的高度、宽度、行数、列数、分页等选项进行设定,其中分页的高度按照整体表格高度的一半进行设定。

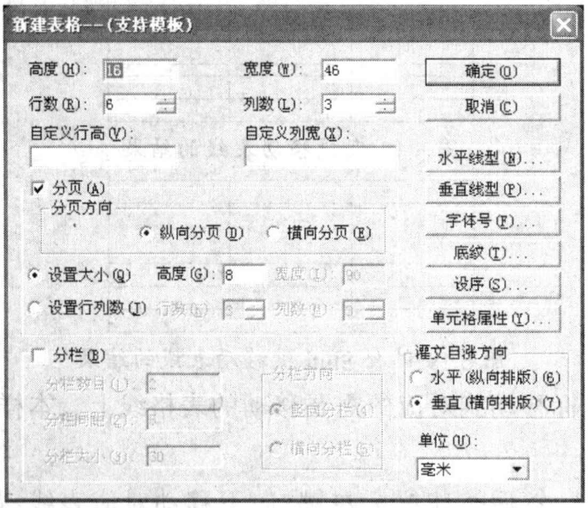

图 5.21 “新建表格”对话框

❸ 点击“确定”后，在版面就新建了一个由两个分页表格组成的表格运用连接工具，点击其中一个分页表，这时会发现两个分页表是连接的，如图 5.22 所示。

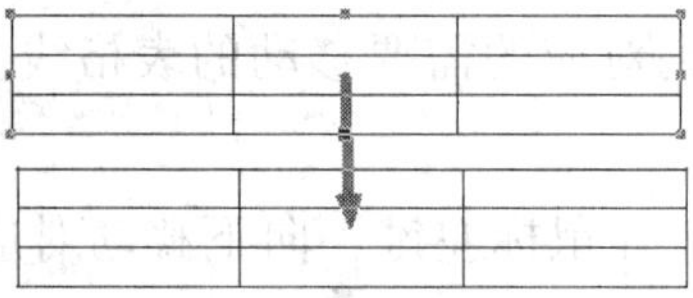

图 5.22 直接新建的分页表格

方法二：连接多个表格建立分页表

❶ 执行“表格”|“新建表格命令”，弹出“新建表格”对话框，如图 5.21 所示，在该对话框中直接设置生成一个 6 行 3 列的表格，如图 5.23 所示。

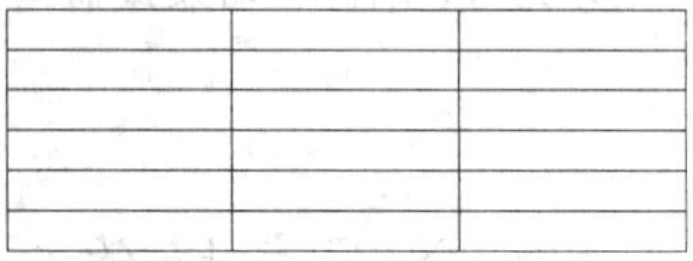

图 5.23 新建的 6 行 3 列表格

❷ 将第 1 步生成的表格复制一份，这样就有了两个相同的表格，并将这两个表格放到一起。

❸ 选择连接工具，连接这两个表格，这两个表格就变成一个表格的两个分页表，如图 5.24 所示。

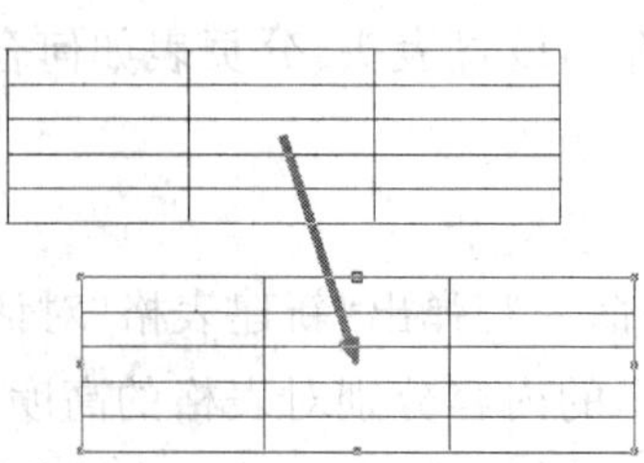

图 5.24 连接生成的分页表

方法三：手动拆分生成分页表

❶ 执行“表格”|“新建表格命令”，弹出“新建表格”对话框，如图 5.21 所示，在该对话框中直接设置生成一个 6 行 3 列的表格，如图 5.23 所示。

❷ 选择选取工具，选中第 1 步新建的表格。

❸ 按住 Shift 键。

❹ 将鼠标光标移动到第 1 步新建的表格的最底部的线条上。

❺ 按住鼠标左键，并往上移动鼠标光标，如图 5.25 所示。

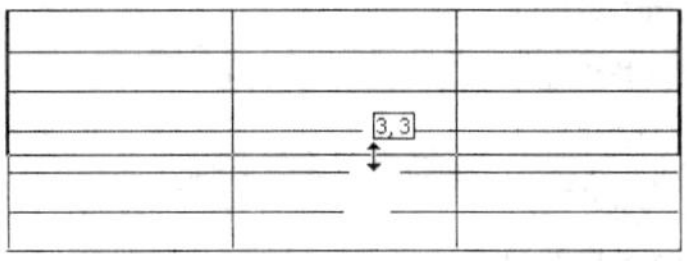

图 5.25 调整表格过程

❻ 光标移动到满足的分页行数后，放开鼠标左键，这样表格就变成一个未排完的分页表格，在其下方有一个绿色的未排完标记，如图 5.26 所示。

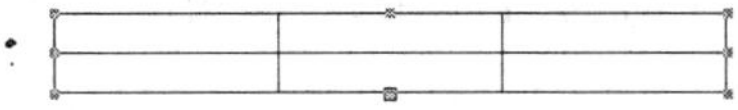

图 5.26 未排完的分页表

❼ 选择选取工具，鼠标左键单击上图下方的绿色未排完标记，此时光标变成。

❽ 在版面其他位置，按住鼠标左键拖动，将图 5.26 中未排完的表格排出来，如图 5.27 所示，这样未排完的分页表就可以排完变成两个分页表。

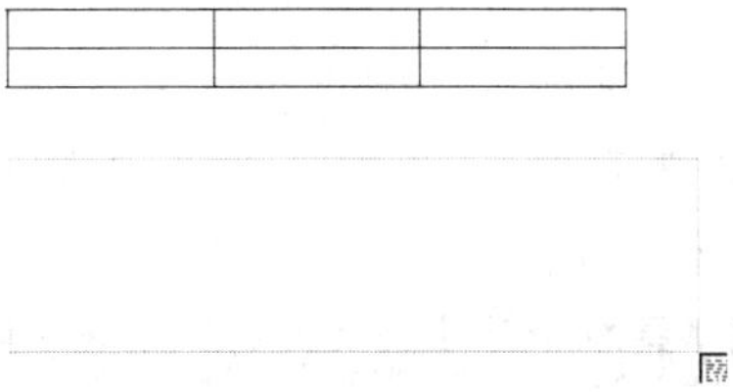

图 5.27 排出未排完的分页表

❾ 选择连接工具，点击生成的分页表中任意一个，可以看出已经生成了一个有两个分页表构成的表格，如图 5.28 所示。

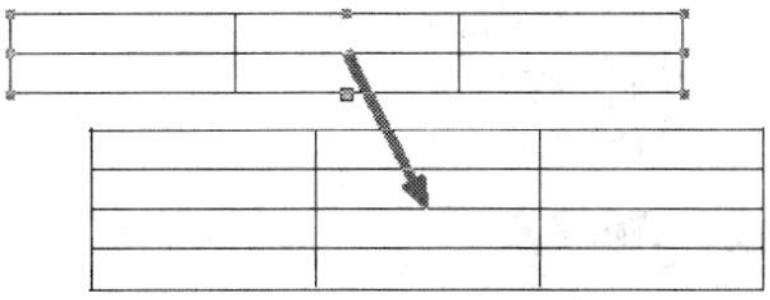

图 5.28 生成的分页表

(2) 设置表头

生成分页后，经常需要将每个分页表的表头设为一致，其步骤如下：

❶ 先建立一个分页表，表格内容如图 5.29 所示。

姓名	年龄	性别
张三	20	男
李四	23	女

王五	46	男
宋江	56	男
吴用	45	男

图 5.29 分页表内容

❷ 单击“表格”|“表头操作”|“设为表头”命令，如图 5.30 所示。

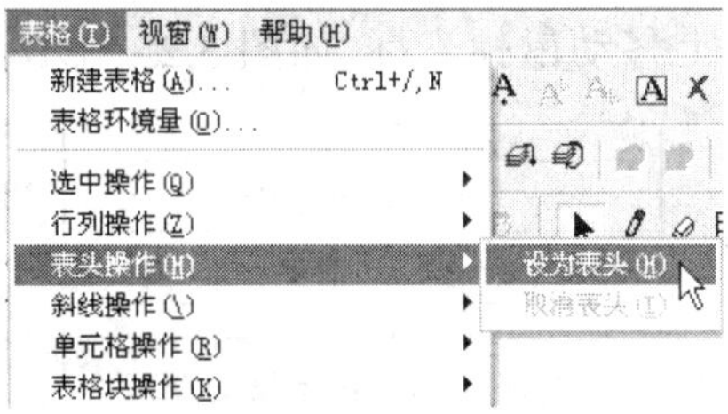

图 5.30 “设为表头”命令

❸ 此时分页表的每个分页表会自动加上相同的表头，如图 5.31 所示，这样当该表格的各个分页表分布在不同页码中时，会自动统一成相同的表头。

姓名	年龄	性别
张三	20	男
李四	23	女

姓名	年龄	性别
王五	46	男
宋江	56	男
吴用	45	男

图 5.31 加表头的分页表

❹ 从上图中我们可以看出，没选中其中一个分页表的表头时，其他分页表的表头也同时被自动选中。选中整行表头表格，点击 Ctrl+F 快捷键，弹出“字体号”设置对话框，将字体修改为“超粗黑”，如图 5.32 所示。

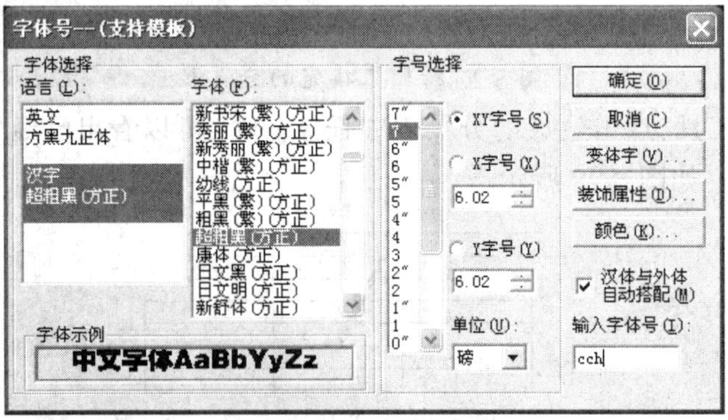

图 5.32 “字体号”设置对话框

❺ 设置字体后的表格效果如图 5.33 所示，从图中可以看出，表格的所有分页表的表头都被同时设置为同一种字体效果。

(3) 合并分页表

被生成的分页表，有时又需要将其合并成一个完整的表格，其步骤如下：

姓名	年龄	性别
张三	20	男
李四	23	女

姓名	年龄	性别
王五	46	男
宋江	56	男
吴用	45	男

图 5.33 效果统一的分页表表头

❶ 使用选取工具，同时选中图 5.33 所示的表格的所有分页表。

❷ 单击“表格”|“表格块操作”|“合并连续分页块”命令，如图 5.34 所示。

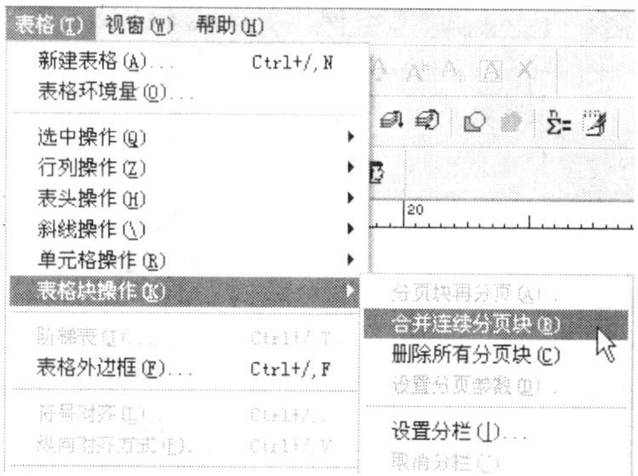

图 5.34 “合并连续分页块”命令

❸ 此时被选中的分页表被自动合并为同一个表格，如图 5.35 所示。

姓名	年龄	性别
张三	20	男
李四	23	女
王五	46	男
宋江	56	男
吴用	45	男

图 5.35 合并分页块后的表格

❹ 同理，若表格有超过 2 个以上的分页表，只需将需要合并的分页表选中，再重复以上三个步骤即可合并分页表。

5.3 表格线型/底纹

在添完表格内容，除了处理表格的分页属性、文字效果外，还需要对整个表格的线型进行设定，甚至需要对指定的表格单元格添加底纹，修改表格线型和添加底纹的操作步骤如下：

❶ 如图 5.35 所示，是一个 6 行 3 列的普通表格，我们就以此表格为例，假设需要将其外框线设为双线、水平中间线设为单虚线、垂直中间线设为双虚线。

❷ 使用表格工具，选中图 5.35 所示表格的任意单元格，单击鼠标右键，在弹出的

右键菜单中选择“表格外边框”命令，如图 5.36 所示。

❸ 弹出“单元格线型”对话框，如图 5.37 所示。在对话框中，选择左侧“设置对象”中的“全部线”，在中间线型下拉列表中选择“双实线”，上/左线宽为“1”，两线间距为“10”，单击“确定”按钮。

注意：“单元格线型”对话框中线宽单位为 0.1 毫米。

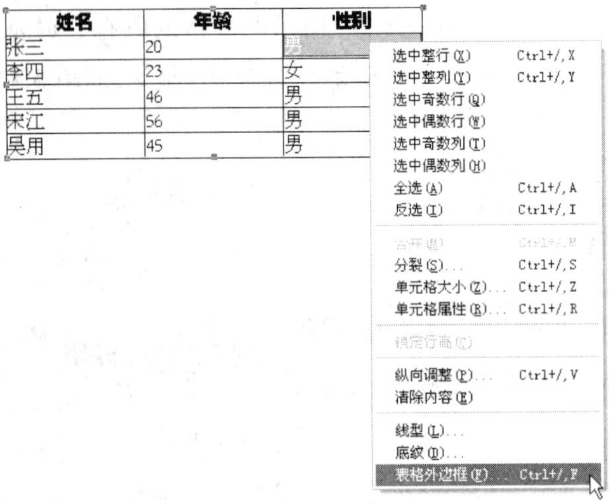

图 5.36 表格右键菜单

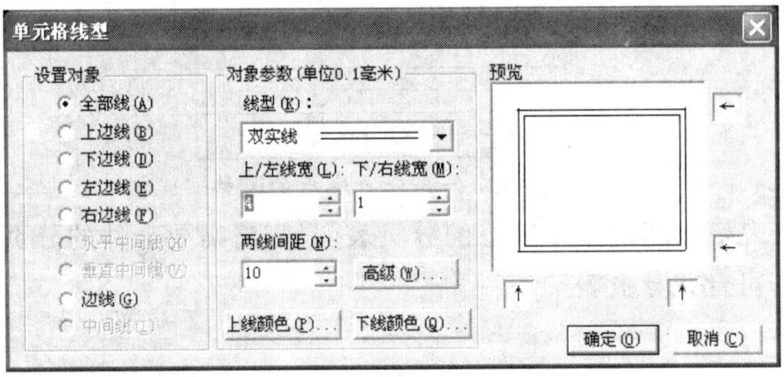

图 5.37 “表格外边框”命令

❹ 此时表格外边框被修改为双实线，如图 5.38 所示。

姓名	年龄	性别
张三	20	男
李四	23	女
王五	46	男
宋江	56	男
吴用	45	男

图 5.38 双线外边框表格

注意：在上表中，我们发现表格内文部分压到了外边框的内侧上，这时需要对文字的大小进行调整，使其离边框距离合适，由于外边框的双线间距为 10 个单位，即 1 毫米，而文字离线具体是以线的中心为准，所以表格文字离线的距离最少要在 0.5 毫米或以上。

❺ 选择表格工具▦，选中全部表格单元格，单击鼠标右键，在弹出的右键菜单中选择

“单元格属性”命令，如图 5.39 所示。

❻ 弹出“单元格属性”对话框，如图 5.40 所示，在对话框，设定上边空为“0.6 毫米”、“内容边空均相等”、“单元格自涨”等属性，单击“确定”按钮。

注意：此时由于属性为单元格自涨，所以文字大小不会缩小，而文字的高度大于表格内文高度，导致文字未能显示，需要单独提供单元格行高。

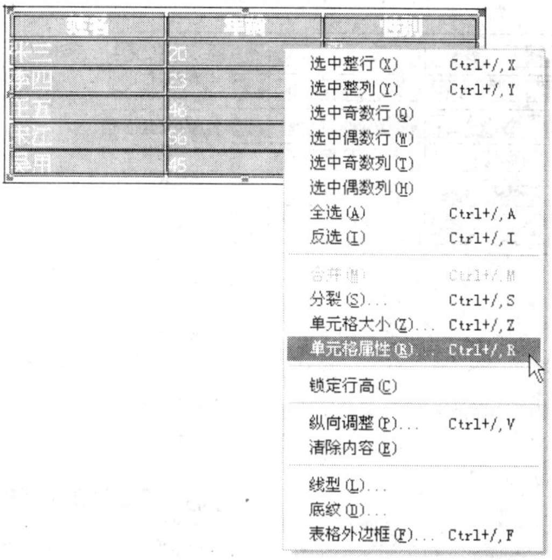

图 5.39 选择“单元格属性”命令

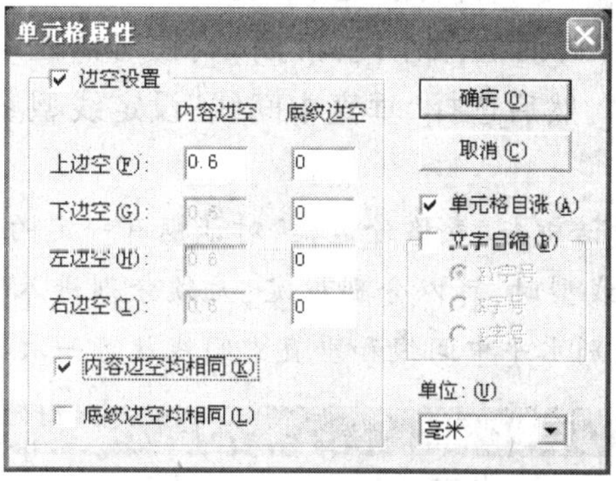

图 5.40 “单元格属性”对话框

❼ 单击 “表格”|“行列操作”|“调整行高”命令，如图 5.41 所示，或点击 Ctrl+F7 快捷键，这样表格单元格会自动扩大以便适应文字内容的大小，生成的表格如图 5.42 所示。

❽ 现在设置表格的水平中间线和垂直中间线，使用表格工具▦，选中图 5.42 所示表格的所有单元格，单击鼠标右键，

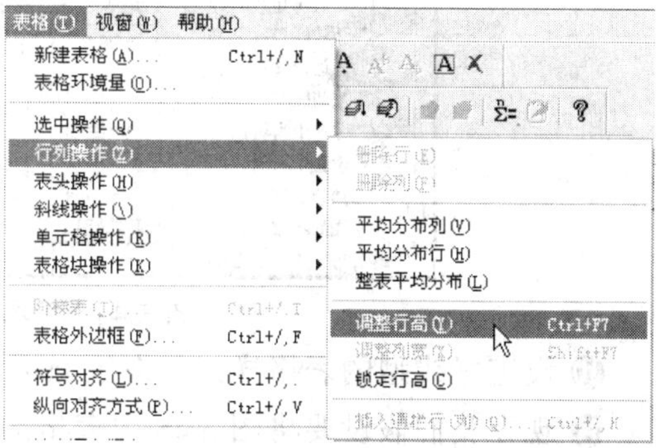

图 5.41 “调整行高”操作

在弹出的右键菜单中选择“线型”命令，如图 5.43 所示。

姓名	年龄	性别
张三	20	男
李四	23	女
王五	46	男
宋江	56	男
吴用	45	男

图 5.42 行高调整后的表格

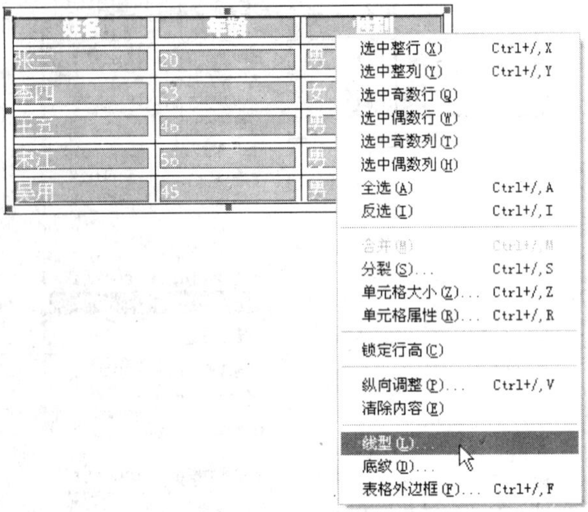

图 5.43 选择“线型”命令

❾ 弹出“单元格线型”对话框，如图 5.44 所示，在对话框中，首先选择“水平中间线”设定线型参数为“单虚线”，然后选择“垂直中间线”设定线型参数为“双虚线”，单击确定按钮。

注意：“单元格线型”对话框与“表格外边框”对话框有一定的区别，在“单元格线型”对话框中分别设定不同位置的线型时，可以分别设定，无须分别进入该对话框进行设定，可一次操作完成。例如：本例中分别水平中间线和垂直中间线就可一次完成设定。

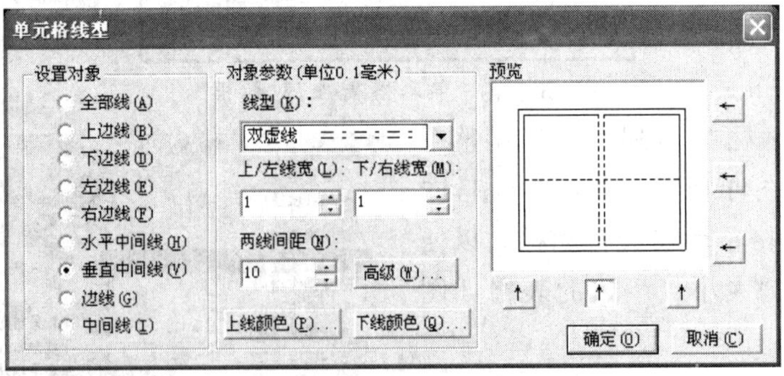

图 5.44 “单元格线型”对话框

❿ 设定好线型的表格样式如图 5.45 所示。、

⓫ 现在我们假设要将图 5.45 中表格的奇数行单元格的底纹设为灰色。使用表格工

具▦,选中图 5.45 所示表格的任意单元格,单击鼠标右键,在弹出的右键菜单中选择“选择奇数行”命令,如图 5.46 所示。

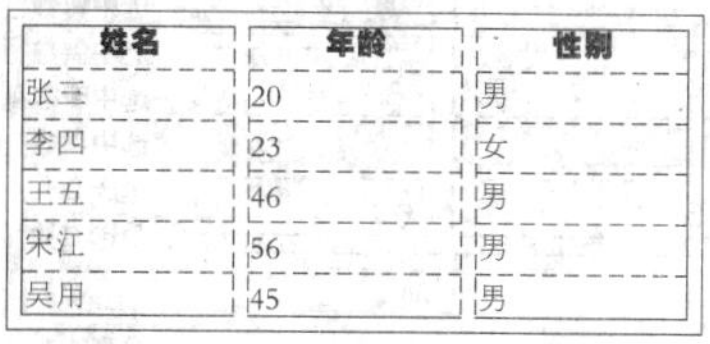

图 5.45 设定好线型的表格

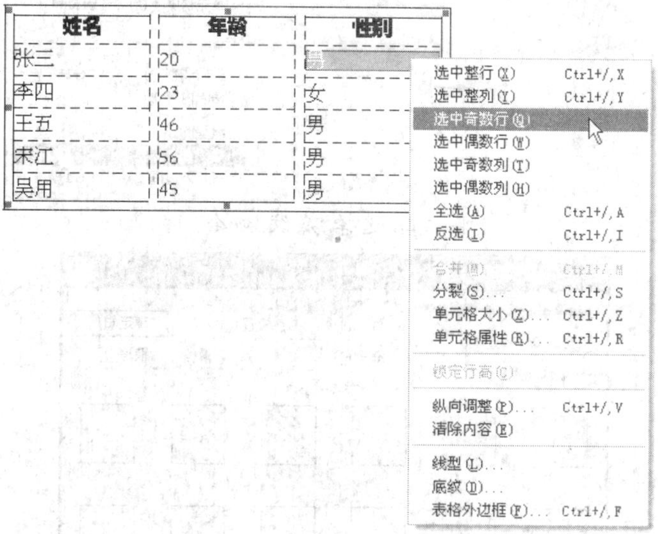

图 5.46 选中奇数行的表格命令

⓬ 此时表格的所有奇数行单元格都被选中,如图 5.47 所示。

⓭ 将鼠标光标移动到表格上方,点击鼠标右键,在弹出的右键菜单中选择“底纹”命令,如图 5.48 所示。

注意:在将鼠标移动到表格上方之前,不能做任何其他的键盘和鼠标操作,包括单击鼠标左键和右键、切换常用工具、点击菜单名单等各种操作,以避免不小心将已经选择好奇数行单元格的操作取消。

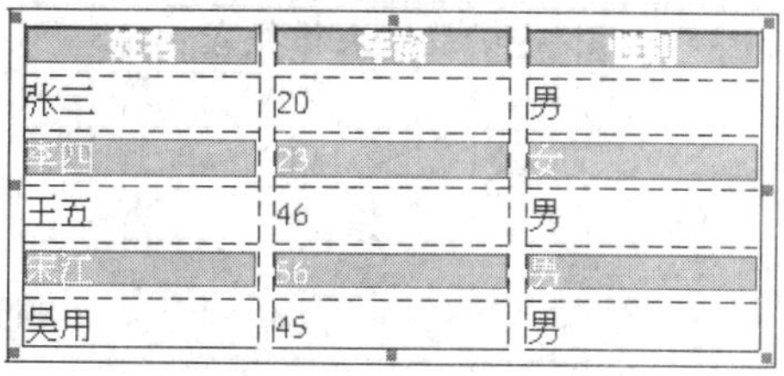

图 5.47 被选中奇数行的表格

⓮ 弹出“底纹”对话框,如图 5.49 所示,设定底纹颜色和类型,单击确定按钮。

⓯ 生成的最终表格样式如图 5.50 所示。

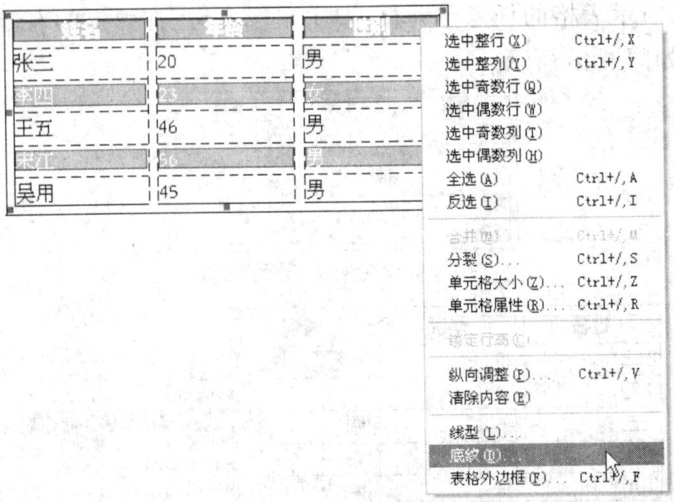

图 5.48 选择“底纹”命令

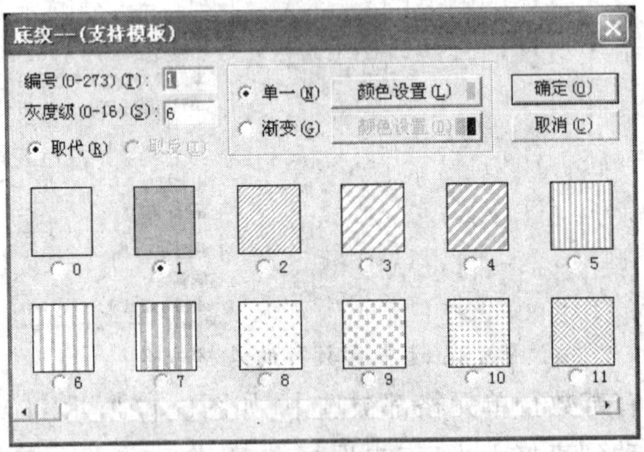

图 5.49 “底纹”对话框

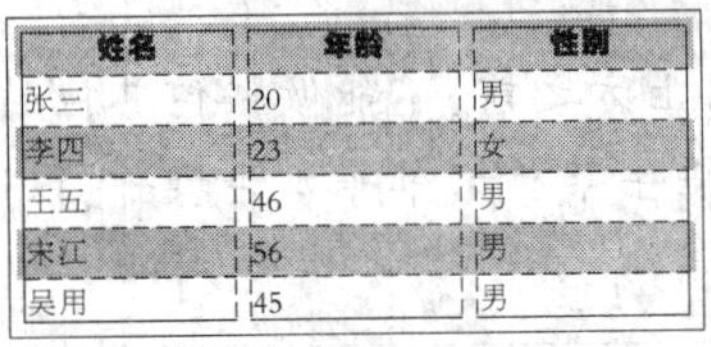

姓名	年龄	性别
张三	20	男
李四	23	女
王五	46	男
宋江	56	男
吴用	45	男

图 5.50 最终表格样式

5.4 表格灌文

飞腾 4.1 专业版可以支持灌文,以及随表格小样内容自动增加行列的数量,例如:当被导入的表格小样内容是 10 行表格内容,而在版面上建立的表格可能实际上只有 5 行,那么,当该 10 行的表格小样被导入后,飞腾表格能自动调整为 10 行高度,以便与小样内容相匹配,尽量减少核实表格小样的麻烦。

飞腾的表格小样需要有特定的分割符号, 在每个表项内容之间, 要求有分割符号"\&",如图 5.51 所示,是一个水浒人名册的小样文件内容,它也是标准的飞腾表格小样文件,对于表格的换行,同样采用的特定分割符"\&"。

```
水浒名单(table) - 记事本
文件(F) 编辑(E) 格式(O) 查看(V) 帮助(H)
水泊梁山天罡星\&三十六员\&\&\&\&\&
宋江\&卢俊义\&吴用\&索超\&保戴宗\&刘唐\&
公孙胜\&关胜\&林冲\&李逵\&史进\&穆弘\&
秦明\&呼延灼\&花荣\&鲁智深\&武松\&董平\&
柴进\&李应\&朱仝\&杨志\&徐宁\&张清\&
水泊梁山地煞星\&七十二员\&\&\&\&\&
朱武\&黄信\&孙立\&杨春\&郑天寿\&陶宗旺\&
宣赞\&郝思文\&韩滔\&宋清\&乐和\&龚旺\&
彭玘\&单廷珪\&魏定国\&丁得孙\&穆春\&曹正\&
萧让\&裴宣\&欧鹏\&宋万\&杜迁\&薛永\&
邓飞\&燕顺\&杨林\&施恩\&李忠\&周通\&
凌振\&蒋敬\&吕方\&汤隆\&杜兴\&邹渊\&
郭盛\&安道全\&皇甫端\&邹润\&朱贵\&朱富\&
王英\&扈三娘\&鲍旭\&蔡福\&蔡庆\&李立\&
王樊瑞\&孔明\&孔亮\&李云\&焦挺\&石勇\&
项充\&李衮\&金大坚\&孙新\&顾大嫂\&孙二娘\&
马麟\&童威\&童猛\&张青\&王定六\&郁保四\&
孟康\&侯健\&陈达\&白胜\&时迁\&段景住
```

图 5.51 飞腾表格小样

在本节将以该水浒人名册小样为例,进行表格灌文的举例说明,如图 5.52 所示为本节要制作的最终表格效果。

水泊梁山天罡星三十六员					
宋江	卢俊义	吴用	索超	保戴宗	刘唐
公孙胜	关胜	林冲	李逵	史进	穆弘
秦明	呼延灼	花荣	鲁智深	武松	董平
柴进	李应	朱仝	杨志	徐宁	张清
水泊梁山地煞星七十二员					
朱武	黄信	孙立	杨春	郑天寿	陶宗旺
宣赞	郝思文	韩滔	宋清	乐和	龚旺
彭玘	单廷珪	魏定国	丁得孙	穆春	曹正
萧让	裴宣	欧鹏	宋万	杜迁	薛永
邓飞	燕顺	杨林	施恩	李忠	周通
凌振	蒋敬	吕方	汤隆	杜兴	邹渊
郭盛	安道全	皇甫端	邹润	朱贵	朱富
王英	扈三娘	鲍旭	蔡福	蔡庆	李立
王樊瑞	孔明	孔亮	李云	焦挺	石勇
项充	李衮	金大坚	孙新	顾大嫂	孙二娘
马麟	童威	童猛	张青	王定六	郁保四
孟康	侯健	陈达	白胜	时迁	段景住

图 5.52 飞腾表格最终效果

下面是该表格制作的详细步骤：

❶ 首先要对制作的“表格环境量”进行设置，用于设定并满足表格设计中的常用默认选项，如图 5.53 所示。其中各项关键设置包括：单元格属性为“单元格自涨”，纵向对齐为“居中”，边空为“0.5 毫米”，“表格行(列)随灌文自动增加”。

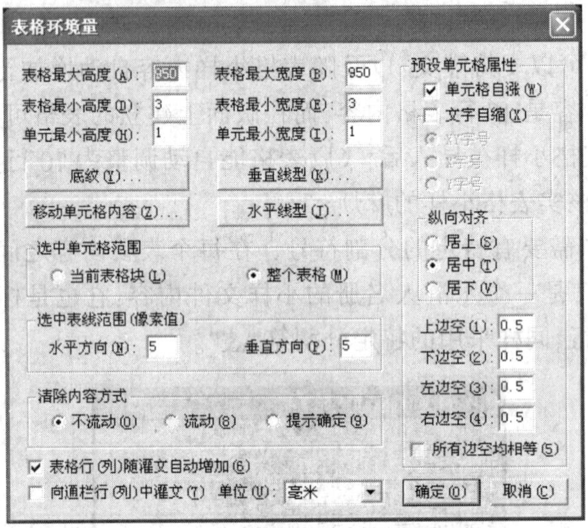

图 5.53 表格环境量设置对话框

注意：表格环境量设置对话框的左下角的“表格行(列)随灌文自动增加”必须选中，否则需要自己判断表格小样行(列)的数量。

❷ 单击“表格”|“新建表格”命令，弹出新建表格对话框，如图 5.54 所示，其中表格的列数必须为“6”，灌文自涨方向为“垂直(横向排版)”，单击确定按钮。

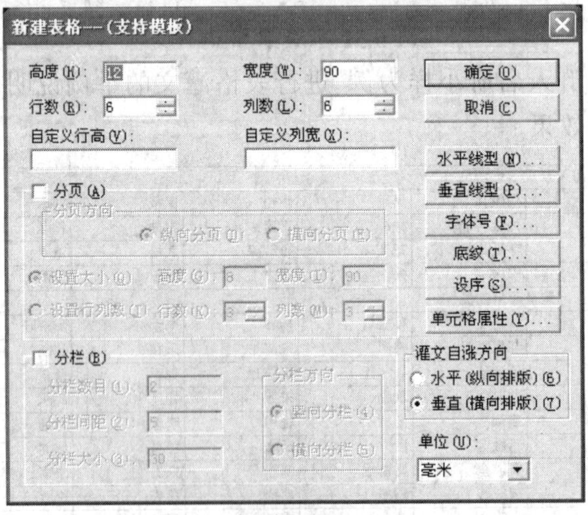

图 5.54 新建表格对话框

注意：由于图 5.53 的表格环境量中选中了“表格行(列)随灌文自动增加”选项，所以在新建表格对话框中的行数只需输入一个比表格小样的内容行数的小的任意数值即可。

❸ 此时鼠标光标变为↖▦，在版面任意位置单击鼠标左键后，即可新增一个 6 列的空表格，建好的表格如图 5.55 所示。

图 5.55 新建好的 6 列表格

❹ 点击排入文字图标▧，弹出排入文字对话框，如图 5.56 所示，在对话框中选择所需的表格小样，并设定回车符转换为“换行”，单击排版按钮。

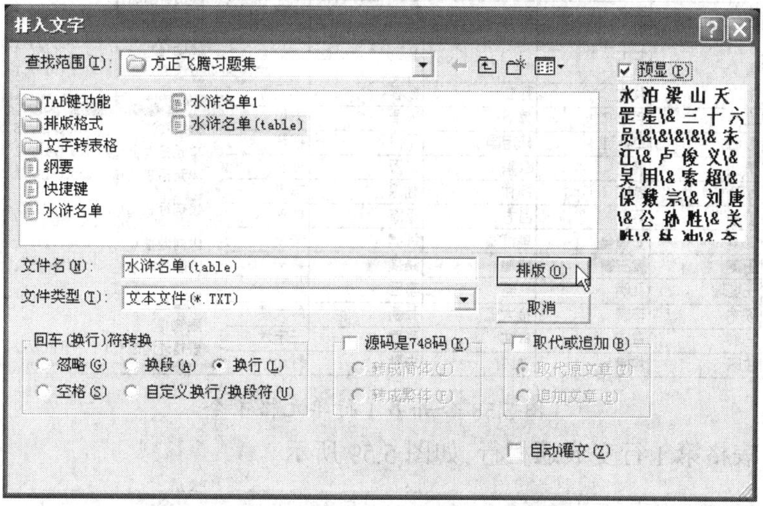

图 5.56 排入文字对话框

❺ 鼠标光标变成▤，在如图 5.55 新建好的表格上单击鼠标左键，此时该表格被灌入了内容，并且自动增加了行数，如图 5.57 为灌文后生成的表格。

水泊梁山天罡星	三十六员				
宋江	卢俊义	吴用	索超	保戴宗	刘唐
公孙胜	关胜	林冲	李逵	史进	穆弘
秦明	呼延灼	花荣	鲁智深	武松	董平
柴进	李应	朱仝	杨志	徐宁	张清
水泊梁山地煞星	七十二员				
朱武	黄信	孙立	杨春	郑天寿	陶宗旺
宣赞	郝思文	韩滔	宋清	乐和	龚旺
彭玘	单廷珪	魏定国	丁得孙	穆春	曹正
萧让	裴宣	欧鹏	宋万	杜迁	薛永
邓飞	燕顺	杨林	施恩	李忠	周通
凌振	蒋敬	吕方	汤隆	杜兴	邹渊
郭盛	安道全	皇甫端	邹润	朱贵	朱富
王英	扈三娘	鲍旭	蔡福	蔡庆	李立
王樊瑞	孔明	孔亮	李云	焦挺	石勇
项充	李衮	金大坚	孙新	顾大嫂	孙二娘
马麟	童威	童猛	张青	王定六	郁保四
孟康	侯健	陈达	白胜	时迁	段景住

图 5.57 灌文后生成的表格

❻ 在图 5.57 的表格，第 1 行和第 6 行需要变成通栏行。单击表格工具▦，选中第 1 行的任意单元格，在输入法为英文的状态下，单击热键“X”选中整行单元格。

❼ 在输入法为英文的状态下，单击热键“M”合并整行单元格内容为一个单元格，或单击鼠标右键，在弹出的对话框中选择“合并”命令，如图 5.58 所示。

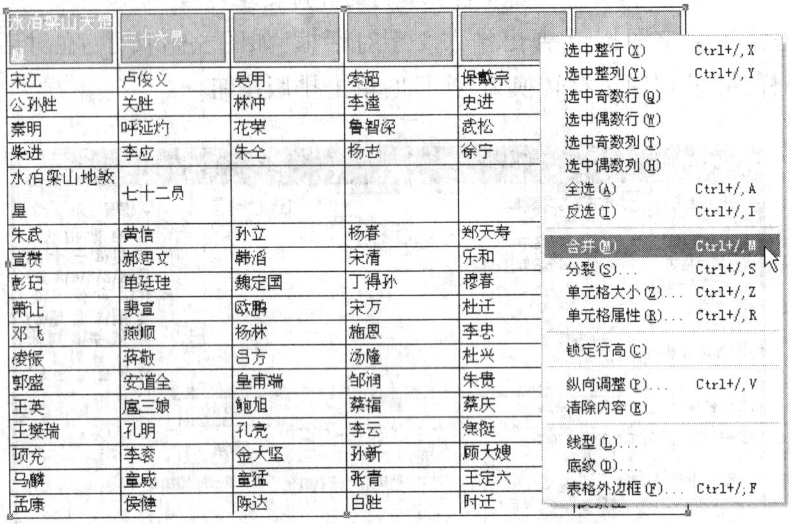

图 5.58 合并第 1 行单元格命令

❽ 此时表格第 1 行变成通栏行，如图 5.59 所示。

水泊梁山天罡星三十六员					
宋江	卢俊义	吴用	索超	保戴宗	刘唐
公孙胜	关胜	林冲	李逵	史进	穆弘
秦明	呼延灼	花荣	鲁智深	武松	董平
柴进	李应	朱仝	杨志	徐宁	张清
水泊梁山地煞星	七十二员				
朱武	黄信	孙立	杨春	郑天寿	陶宗旺
宣赞	郝思文	韩滔	宋清	乐和	龚旺
彭玘	单廷珪	魏定国	丁得孙	穆春	曹正
萧让	裴宣	欧鹏	宋万	杜迁	薛永
邓飞	燕顺	杨林	施恩	李忠	周通
凌振	蒋敬	吕方	汤隆	杜兴	邹渊
郭盛	安道全	皇甫端	邹润	朱贵	朱富
王英	扈三娘	鲍旭	蔡福	蔡庆	李立
王樊瑞	孔明	孔亮	李云	焦挺	石勇
项充	李衮	金大坚	孙新	顾大嫂	孙二娘
马麟	童威	童猛	张青	王定六	郁保四
孟康	侯健	陈达	白胜	时迁	段景住

图 5.59 表格第 1 行变成通栏行

❾ 运用第 6 至第 8 步骤同样的方法，将表格第 6 行的单元格变成通栏行，此时的表格样式如图 5.60 所示。

注意：在图 5.60 所示的表格中，表格第 1 行和第 6 行的行高过高，需要调整到合适的高度。

⑩ 单击表格工具,选中表格中的任意单元格,在输入法为英文的状态下,单击热键“A”选中所有单元格。

⑪ 点击热键 Ctrl+F7,或点击“表格”|“行列操作”|“调整行高”命令。

⑫ 这样所有表格单元格的行高自动与文字内容相匹配,如图 5.61 所示,它是最终生成的表格样式。

水泊梁山天罡星三十六员					
宋江	卢俊义	吴用	索超	保戴宗	刘唐
公孙胜	关胜	林冲	李逵	史进	穆弘
秦明	呼延灼	花荣	鲁智深	武松	董平
柴进	李应	朱仝	杨志	徐宁	张清
水泊梁山地煞星七十二员					
朱武	黄信	孙立	杨春	郑天寿	陶宗旺
宣赞	郝思文	韩滔	宋清	乐和	龚旺
彭玘	单廷珪	魏定国	丁得孙	穆春	曹正
萧让	裴宣	欧鹏	宋万	杜迁	薛永
邓飞	燕顺	杨林	施恩	李忠	周通
凌振	蒋敬	吕方	汤隆	杜兴	邹渊
郭盛	安道全	皇甫端	邹润	朱贵	朱富
王英	扈三娘	鲍旭	蔡福	蔡庆	李立
王樊瑞	孔明	孔亮	李云	焦挺	石勇
项充	李衮	金大坚	孙新	顾大嫂	孙二娘
马麟	童威	童猛	张青	王定六	郁保四
孟康	侯健	陈达	白胜	时迁	段景住

图 5.60 设定好所有通栏行的表格

水泊梁山天罡星三十六员					
宋江	卢俊义	吴用	索超	保戴宗	刘唐
公孙胜	关胜	林冲	李逵	史进	穆弘
秦明	呼延灼	花荣	鲁智深	武松	董平
柴进	李应	朱仝	杨志	徐宁	张清
水泊梁山地煞星七十二员					
朱武	黄信	孙立	杨春	郑天寿	陶宗旺
宣赞	郝思文	韩滔	宋清	乐和	龚旺
彭玘	单廷珪	魏定国	丁得孙	穆春	曹正
萧让	裴宣	欧鹏	宋万	杜迁	薛永
邓飞	燕顺	杨林	施恩	李忠	周通
凌振	蒋敬	吕方	汤隆	杜兴	邹渊
郭盛	安道全	皇甫端	邹润	朱贵	朱富
王英	扈三娘	鲍旭	蔡福	蔡庆	李立
王樊瑞	孔明	孔亮	李云	焦挺	石勇
项充	李衮	金大坚	孙新	顾大嫂	孙二娘
马麟	童威	童猛	张青	王定六	郁保四
孟康	侯健	陈达	白胜	时迁	段景住

图 5.61 最终生成的表格

第六章 Excel 与飞腾表格的互换

【本章习题】

习题一：如何将 Excel 表格转换为飞腾表格？

习题二：如何将飞腾表格转换为 Excel 表格？

【关键技巧】

- Excel 另存为文本文件(制表符分隔)
- 飞腾表格小样格式
- 表格行列调整

在实际使用飞腾的过程中，经常会遇到需要将 Excel 中的表格内容放到飞腾中进行排版，有时也需要将飞腾的表格内容做出 Excel 的样式，本章将就此话题展开全面的介绍，主要介绍如何将 Excel 表格转化为飞腾表格以及飞腾表格如何转化为真正的 Excel 表格，达到它们相互之间的转换，以满足全面的需要。

6.1 Excel 转化为飞腾表格

要将 Excel 表格转换为飞腾表格，大致流程如下表所示：

Excel 表格 → 文本文件 → 飞腾表格

首先要将 Excel 表格另存为文本文件，然后再转换为飞腾能识别的表格小样格式，最后在飞腾中导入成表格，以下是具体的操作步骤：

❶ 假设我们的 Excel 表格的内容如图 6.1 所示，该表格是一个水浒一百零八将的名单，分成上下两部分，以 6 列表格的方式在 Excel 中展现。

❷ 现在要将图 6.1 所示的 Excel 表格转化为文本文件。在 Excel 程序中，单击“文件”|“另存为...”菜单命令，如图 6.2 所示。

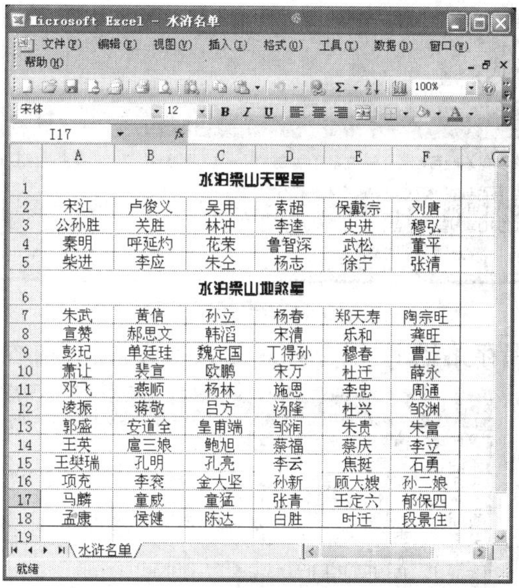

图 6.1 Excel 表格

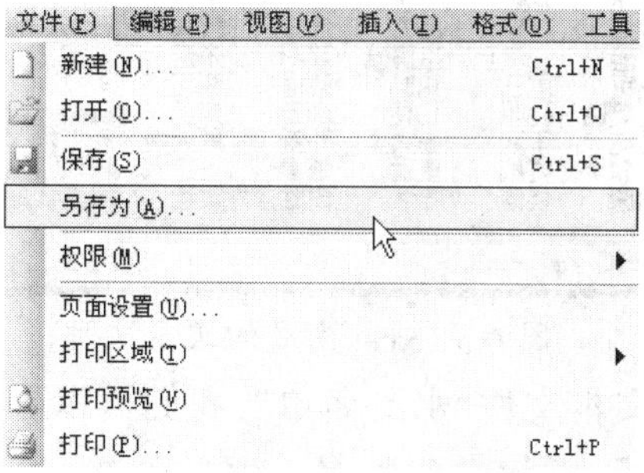

图 6.2 “另存为”命令

❸ 弹出“另存为”对话框，如图 6.3 所示，选择相应的文件保存位置、文件名称，并将保存类型设定为“文本文件(制表符分隔)”选项，单击“保存”按钮。

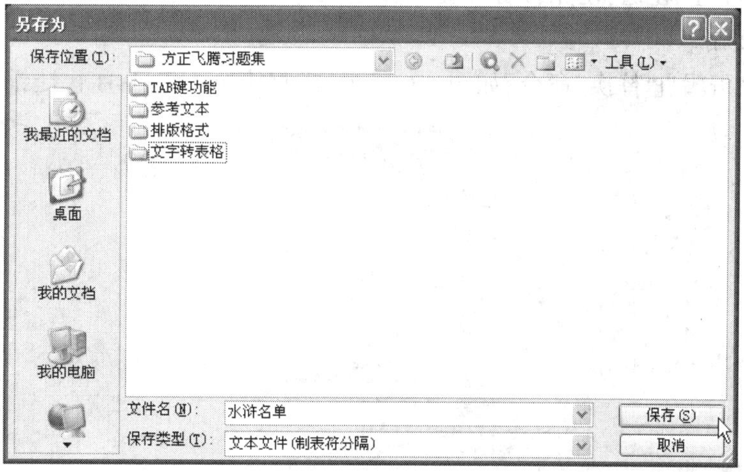

图 6.3 “另存为”对话框

❹ 此时弹出一个有关文件格式保存的询问，如图 6.4 所示，单击“是”按钮，以便继续保存文件为文本文件格式。

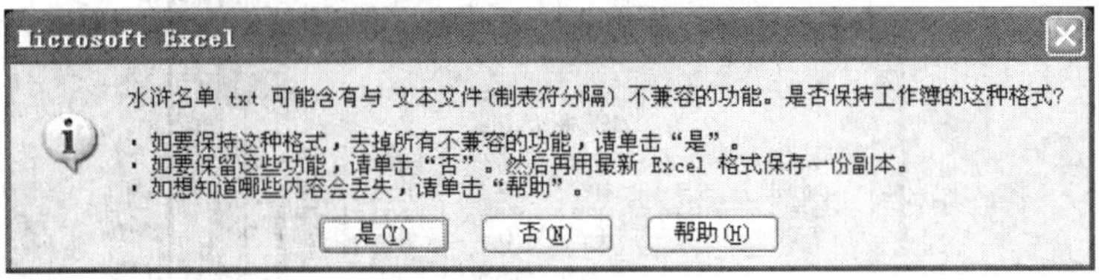

图 6.4 文件格式提示

❺ 此时在相应的保存路径下，保存存好的文本文件，其内容如图 6.5 所示。

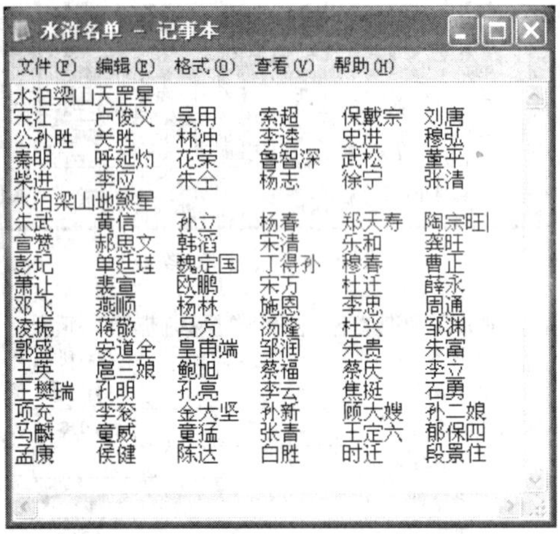

图 6.5 Excel 生成的文本文件

❻ 打开图 6.5 所示的文本文件“水浒名单”，我们可以看出，在该文本中，每两个人名之间都是用 TAB 键分隔的，在此需要将名字之间的 TAB 键替换成飞腾表格的分割符“\&”。

❼ 在上一步的记事本程序中，选择任意两个名字之间的符号，例如：“宋江”与“卢俊义”之间有一个 TAB 键，使用鼠标左键选中这两个人名之间 TAB 键符号，并点击 Ctrl+C 快捷键将其复制。

❽ 点击“编辑”|“替换”命令，如图 6.6 所示，或直接单击 Ctrl+H 快捷键。

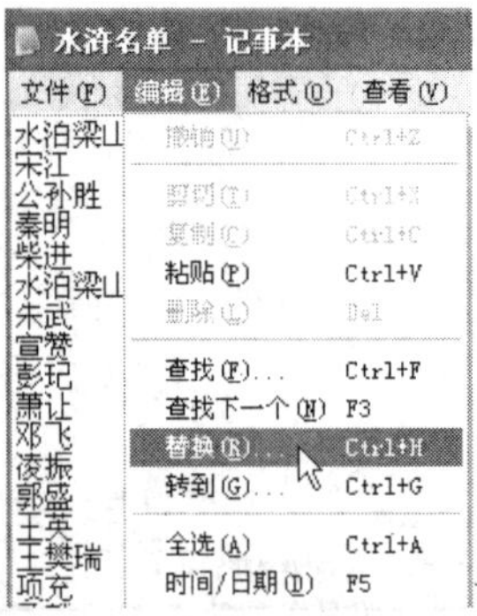

图 6.6 “替换”菜单命令

❾ 弹出“替换”对话框，如图6.7所示。

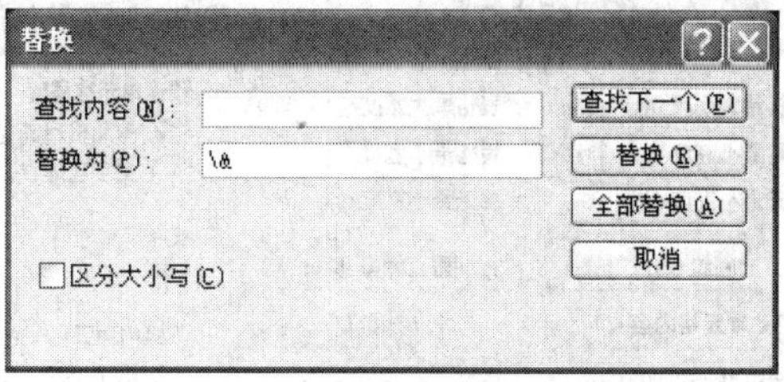

图6.7 “替换”对话框

❿ 在上一步的“替换”对话框中，在“查找内容”数据栏中点击Ctrl+V，将被复制的TAB键输入到该数据栏中，在“替换为”数据栏中输入“\&”，单击“全部替换”按钮。

⓫ 关闭“替换对话框”，返回到记事本程序界面，此时所有文本中的TAB键被替换成“\&”，由于飞腾表格小样默认组合符号“\&”为表格换行符，所以需要单独在被替换后的文本的每一行末尾增加符号“\&”，增加完后的文本内容如图6.8所示。

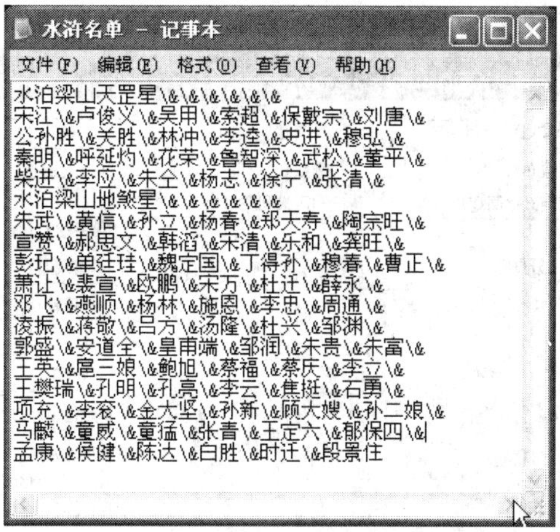

图6.8 调整后的文本内容

⓬ 保存好该文本后，进入飞腾操作界面，点击“表格”|“表格环境量”命令，弹出“表格环境量”对话框，如图6.9所示，在该对话框中需要选中“表格行(列)随灌文自动增加”、“单元格自涨”等选项。

注意：选中“表格行(列)随灌文自动增加”选项非常重要，该选项可以不必计算表格小样内容的行数，直接让表格的行数与表格小样的内容一致。

⓭ 设定好表格环境量后，点击“表格”|“新建表格”命令，弹出“表格环境量”对话框，如图6.10所示。

⓮ 在“新建表格”对话框中，设定表格为6行6列，单击“确定”按钮，此时光标变成▦，在版面的任意空白处单击鼠标左键，即可生成所需的空表格，如图6.11所示为建立的空白表格。

注意：在“新建表格”对话框右边，可以分别点击“水平线型”、“垂直线型”、“字体号”、“底纹”等按钮设置默认的表格设置。

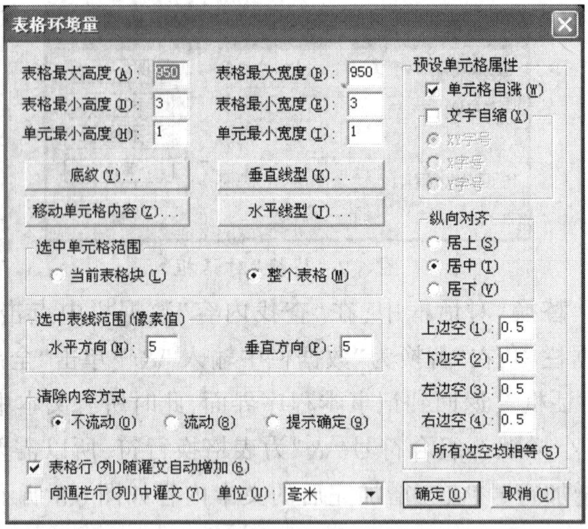

图 6.9 “表格环境量”对话框

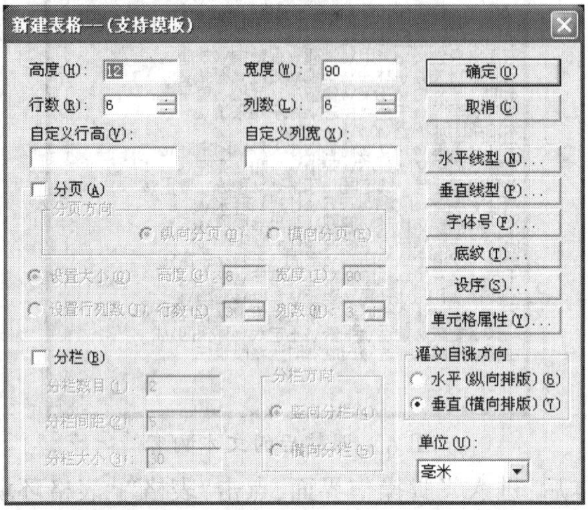

图 6.10 “新建表格”对话框

图 6.11 新建的空白表格

⑮ 选择选取工具，单击排入文字工具条，弹出“排入文字”对话框，选择第 11 步中调整好的文本文件，如图 6.12 所示。

⑯ 此时光标变成，移动光标到图 6.11 所示的空白表格上方，单击鼠标左键，就实现了表格小样灌入表格的过程，表格自动涨大为如图 6.13 所示的表格。

注意：图 6.11 所示的空白表格之所以能自动涨大为 6.13 所示的表格，必须在“表格环境量”设置“单元格自涨”选项。

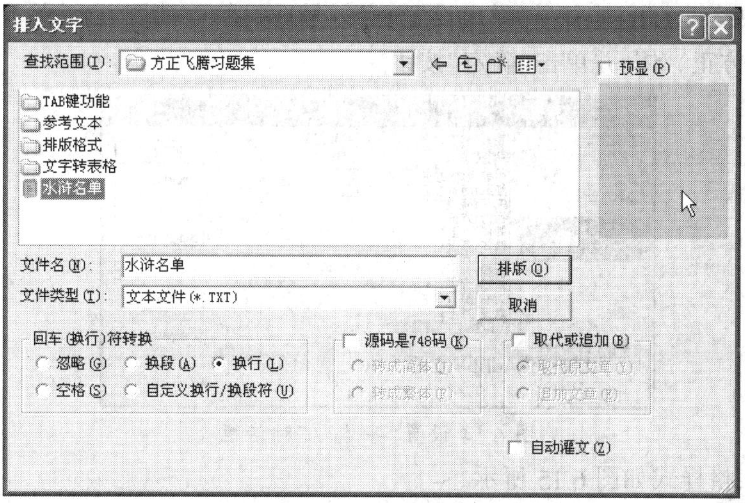

图 6.12 “排入文字”对话框

水泊梁山天罡星					
宋江	卢俊义	吴用	索超	保戴宗	刘唐
公孙胜	关胜	林冲	李逵	史进	穆弘
秦明	呼延灼	花荣	鲁智深	武松	董平
柴进	李应	朱仝	杨志	徐宁	张清
水泊梁山地煞星					
朱武	黄信	孙立	杨春	郑天寿	陶宗旺
宣赞	郝思文	韩滔	宋清	乐和	龚旺
彭玘	单廷珪	魏定国	丁得孙	穆春	曹正
萧让	裴宣	欧鹏	宋万	杜迁	薛永
邓飞	燕顺	杨林	施恩	李忠	周通
凌振	蒋敬	吕方	汤隆	杜兴	邹渊
郭盛	安道全	皇甫端	邹润	朱贵	朱富
王英	扈三娘	鲍旭	蔡福	蔡庆	李立
王樊瑞	孔明	孔亮	李云	焦挺	石勇
项充	李衮	金大坚	孙新	顾大嫂	孙二娘
马麟	童威	童猛	张青	王定六	郁保四
孟康	侯健	陈达	白胜	时迁	段景住

图 6.13 灌文后生成的表格

此时该表格已经基本满足要求，最终需要将图 6.13 所示表格的第 1 行和第 6 行变成通栏行，并设置为居中对齐。

⑰ 单击表格工具▦，选中第 1 行的任意单元格，在输入法为英文的状态下，单击热键“X”选中整行单元格。

⑱ 在输入法为英文的状态下，单击热键“M”合并整行单元格内容为一个单元格，或单击鼠标右键，在弹出的对话框中选择“合并”命令，这样表格第 1 行变成通栏行。

⑲ 运用第 17 至第 18 步骤同样的方法，将表格第 6 行的单元格变成通栏行，此时的表格的第 1 行和第 6 行都变成了通栏行。

⑳ 选择表格工具▦，并按住 Ctrl 键，直接点中第 1 行和第 6 行的通栏行。

㉑ 点击快捷键 Ctrl+I 命令，文字被设置为居中对齐。

㉒ 点击快捷键 Ctrl+F 命令，弹出设置“字体号”对话框，如图 6.14 所示，在图中设置字体为“综艺(方正)”体，并单击“确定”按钮。

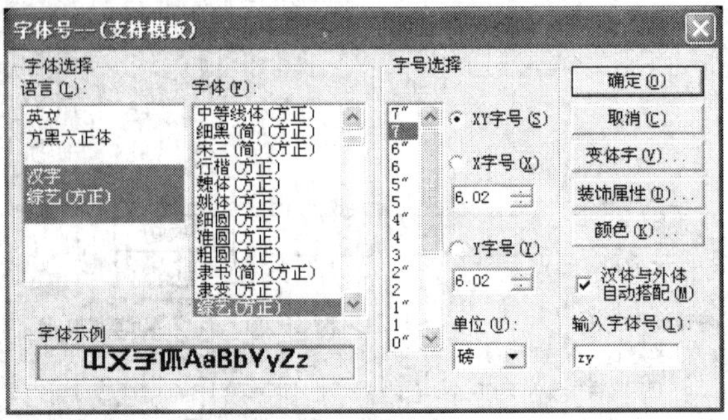

图 6.14 设置“字体号”对话框

㉓ 此时表格样式如图 6.15 所示。

水泊梁山天罡星					
宋江	卢俊义	吴用	索超	保戴宗	刘唐
公孙胜	关胜	林冲	李逵	史进	穆弘
秦明	呼延灼	花荣	鲁智深	武松	董平
柴进	李应	朱仝	杨志	徐宁	张清
水泊梁山地煞星					
朱武	黄信	孙立	杨春	郑天寿	陶宗旺
宣赞	郝思文	韩滔	宋清	乐和	龚旺
彭玘	单廷珪	魏定国	丁得孙	穆春	曹正
萧让	裴宣	欧鹏	宋万	杜迁	薛永
邓飞	燕顺	杨林	施恩	李忠	周通
凌振	蒋敬	吕方	汤隆	杜兴	邹渊
郭盛	安道全	皇甫端	邹润	朱贵	朱富
王英	扈三娘	鲍旭	蔡福	蔡庆	李立
王樊瑞	孔明	孔亮	李云	焦挺	石勇
项充	李衮	金大坚	孙新	顾大嫂	孙二娘
马麟	童威	童猛	张青	王定六	郁保四
孟康	侯健	陈达	白胜	时迁	段景住

图 6.15 设置字体后的表格

㉔ 点击“表格”|“行列操作”|“调整行高”命令，形成最终的如图 6.16 所示表格。

水泊梁山天罡星					
宋江	卢俊义	吴用	索超	保戴宗	刘唐
公孙胜	关胜	林冲	李逵	史进	穆弘
秦明	呼延灼	花荣	鲁智深	武松	董平
柴进	李应	朱仝	杨志	徐宁	张清
水泊梁山地煞星					
朱武	黄信	孙立	杨春	郑天寿	陶宗旺
宣赞	郝思文	韩滔	宋清	乐和	龚旺
彭玘	单廷珪	魏定国	丁得孙	穆春	曹正
萧让	裴宣	欧鹏	宋万	杜迁	薛永
邓飞	燕顺	杨林	施恩	李忠	周通
凌振	蒋敬	吕方	汤隆	杜兴	邹渊
郭盛	安道全	皇甫端	邹润	朱贵	朱富
王英	扈三娘	鲍旭	蔡福	蔡庆	李立
王樊瑞	孔明	孔亮	李云	焦挺	石勇
项充	李衮	金大坚	孙新	顾大嫂	孙二娘
马麟	童威	童猛	张青	王定六	郁保四
孟康	侯健	陈达	白胜	时迁	段景住

图 6.16 最终的表格样式

6.2 飞腾表格转换为 Excel

要将 Excel 表格转换为飞腾表格，大致流程如下表所示：

飞腾表格 ⟶ 文本文件 ⟶ Excel 表格

首先要将飞腾表格中的内容导出为文本文件，然后再转换为 Excel 能识别的文本格式，最后在 Excel 中打开该文本文件并转换成 Excel 表格，以下是具体的操作步骤：

❶ 如图 6.16 所示为需要转换的飞腾表格，单击表格工具▦，选中该表格中的任意单元格，在输入法为英文的状态下，单击热键“A”选中所有单元格。

❷ 单击“表格”|“导出为纯文本”命令，弹出文本存盘对话框，如图 6.17 所示。

图 6.17 文本另存对话框

❸ 在上图对话框中选中相应的存盘路径和文件名称，单击“保存”按钮，这样表格内容就会以纯文本的方式存到电脑中，打开存好的文本文件，其内容如图 6.18 所示。

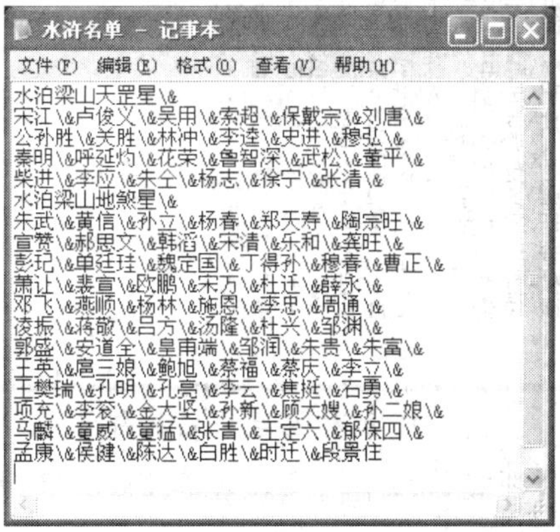

图 6.18 导出的表格小样内容

❹ 在上图的文本中,单击“编辑”|“替换”命令,如图 6.19 所示。

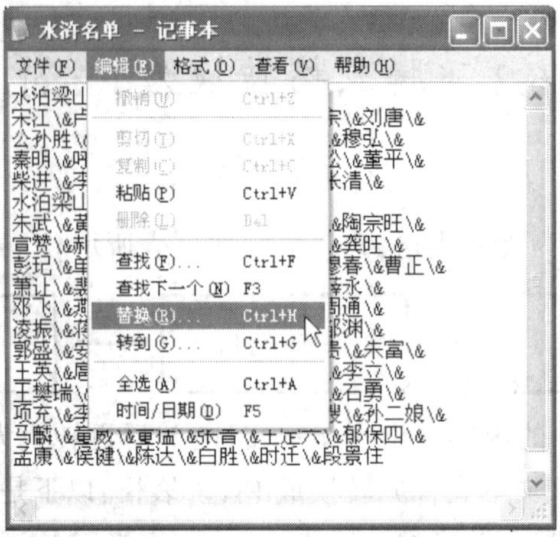

图 6.19 文本“替换”命令

❺ 弹出“替换”对话框,如图 6.20 所示,在“查找内容”中输入“\&”,在“替换为”中输入“\”,点击“全部替换”按钮,关闭“替换”对话框,并点击 Ctrl+S 保存文件。

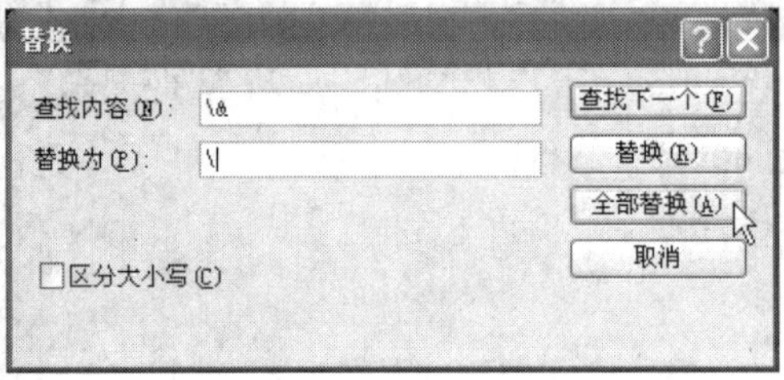

图 6.20 “替换”对话框

❻ 这样文本内容中的“\&”被全部替换为“\”,如图 6.21 所示。

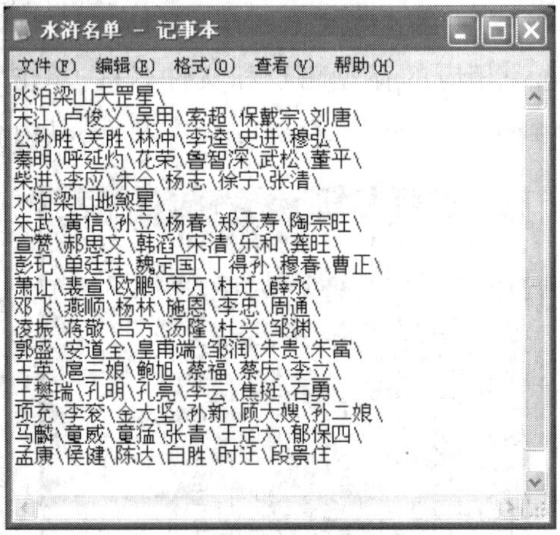

图 6.21 被替换后的文本内容

注意:之所以要把“\&”全部替换为“\”,是因为在 Excel 中,表格的分隔符号只能是单独的一个符号,不能为组合符号。

❼ 进入 Excel 程序，如图 6.22 所示。

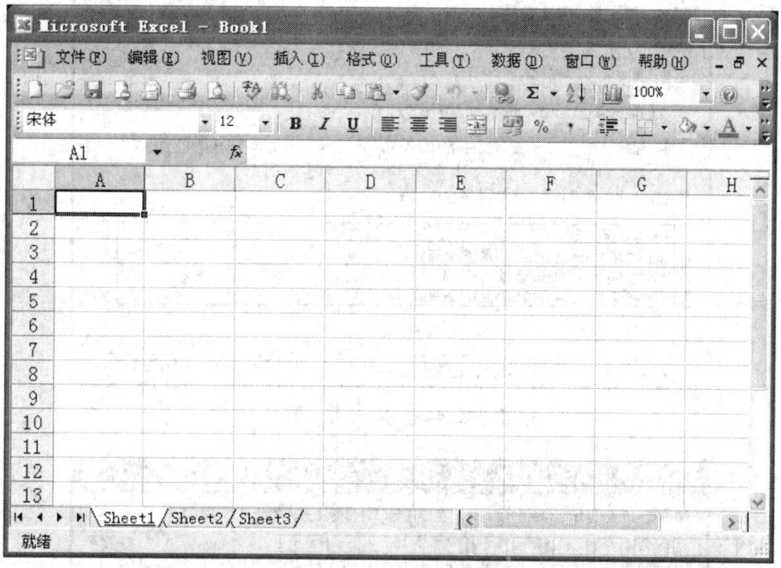

图6.22 Excel 程序

❽ 点击“文件”|“打开”命令，弹出“打开”文件对话框，如图 6.23 所示，选择“文件类型”为“文本文件”，选择第 5 步修改好的文本文件，单击“打开”按钮。

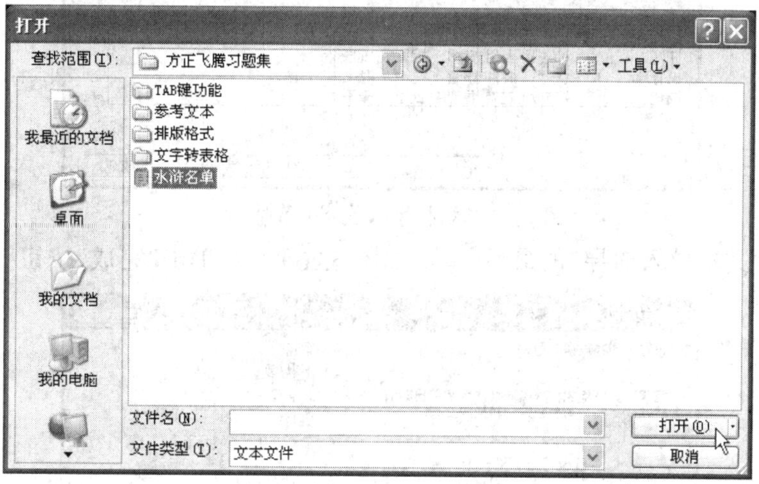

图 6.23 “打开”文件对话框

❾ 此时弹出“文本导入向导”对话框，如图 6.24 所示，该文本向导总共有 3 个步骤，图 6.24 为文本导入的第一个步骤，单击“下一步”按钮。

❿ 弹出“文本导入向导”的第 2 步骤对话框，如图 6.25 所示，在“分隔符号”选项中，选取“其他”，并输入符号“\”，单击“下一步”按钮。

注意：分隔符号代表的是表格各个单元格之间的切换符号，在文本内容中，各个表项间的分隔必须设置一致，也可以替换为其他任意的分隔符号，例如：“¥”、“%”、“#”等等，都可以作为分隔符号处理。

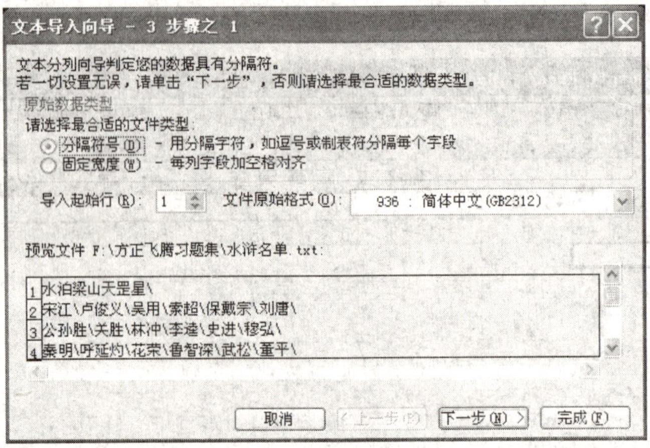

图 6.24 "文本导入向导"第 1 步骤

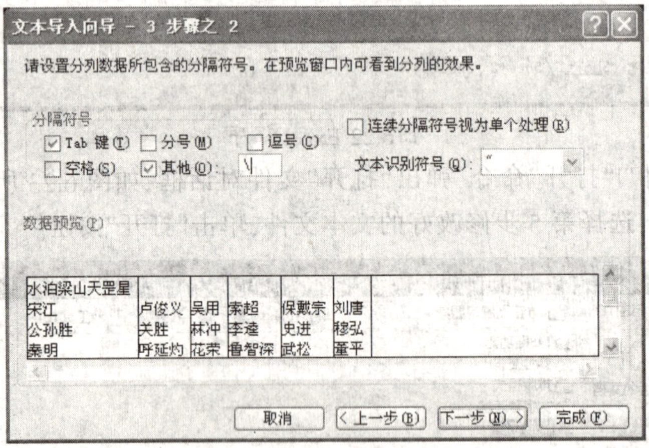

图 6.25 "文本导入向导"第 2 步骤

⓫ 进入"文本导入向导"的最后一步，如图 6.26 所示，单击"完成"按钮。

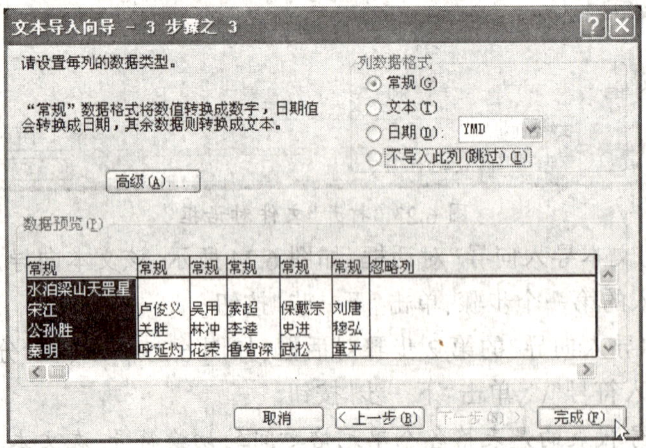

图 6.26 "文本导入向导"第 3 步骤

⓬ 这样文本就被导入到 Excel 中，如图 6.27 所示。

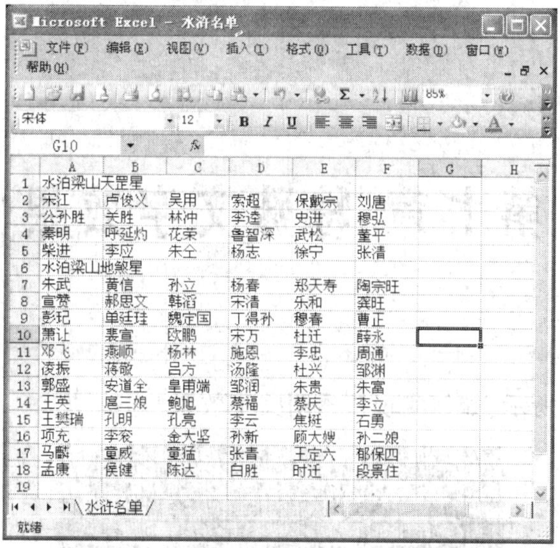

图 6.27 文本被导入到 Excel

⑬ 点击快捷键 Ctrl+S 保存命令，此时弹出提示框，单击“否”按钮。

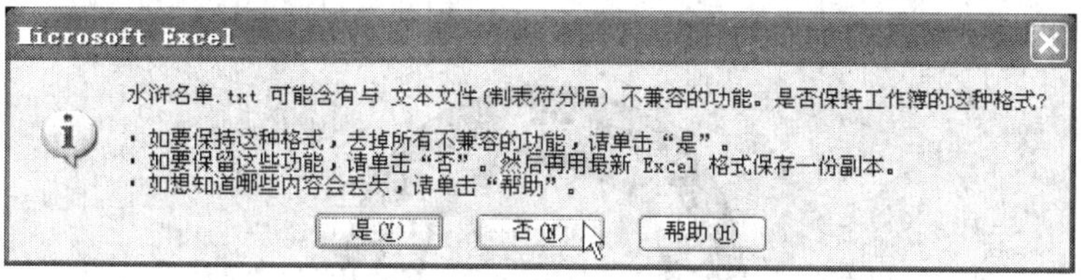

图 6.28 “保存”提示框

⑭ 此时弹出“另存为”对话框，输入对应的文件名称即可将文本保存为 Excel 表格，如图 6.29 所示。

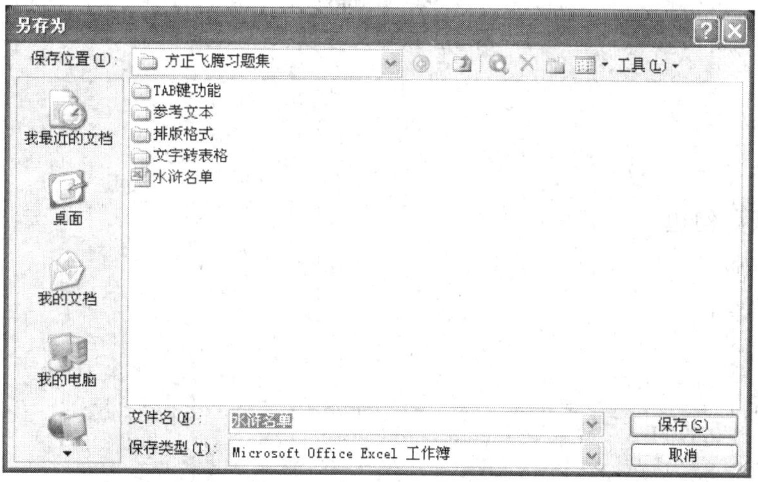

图 6.29 “保存”对话框

第七章 特殊文字效果

【本章习题】

习题一：如图 7.1 所示，如何实现该透明文字效果？

图 7.1 透明文字效果

习题二：如图 7.2 所示，如何实现该双环颜色文字效果？

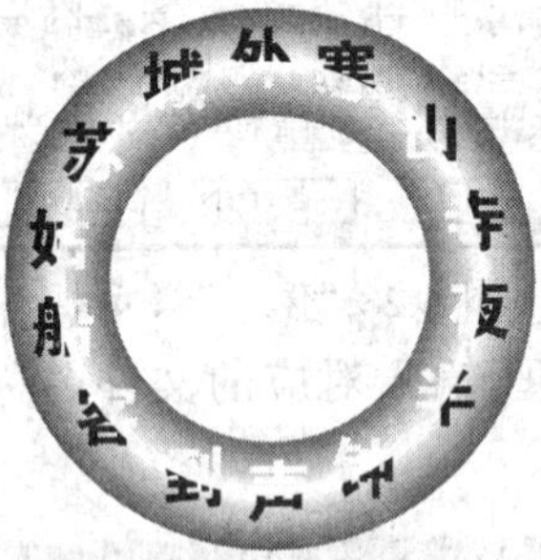

图 7.2 双环文字效果

【关键技巧】

- 裁剪路径
- 文字裁剪勾边
- 沿线排版
- 一站式窗口
- 双色渐变
- 块合并

7.1 透明文字效果

在飞腾中，文字可以作为裁剪路径对图形、图像进行裁剪，再配合其他灵活的文字处理功能，可以实现很多变幻的文字效果。

本节主要讲述如何实现图 7.1 所示的透明文字效果，其操作步骤如下：

❶ 点击排入图像工具条，弹出“排入图像”对话框，如图 7.3 所示，选取需要灌入版面的图片，单击“排版”按钮。

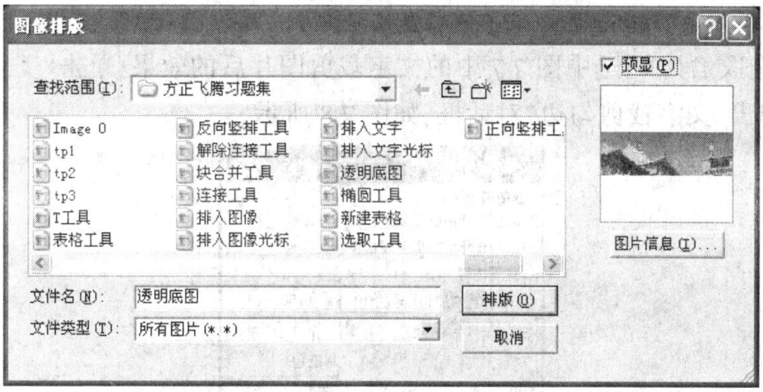

图 7.3 “排入图像”对话框

❷ 鼠标光标变成，在版面中空白处单击鼠标左键，所选图片即被灌入版面，如图 7.4 所示为灌入的图片内容。

图 7.4 灌入的图片内容

❸ 新建文字块，输入内容“方正飞腾 4.1 专业版”字样，并设置该文字块的字体为“超粗黑(方正)”体，调整大小为如图 7.5 所示效果。

方正飞腾 4.1 专业版

图 7.5 新建文字块

❹ 选中选取工具，并选中图 7.5 所示的文字块，单击“美工”|“路径属性”|“裁剪路径”命令，将其设置为裁剪路径。

❺ 选中选取工具，并选中图 7.4 所示图片，点击“编辑”|“复制”命令，再点击“编辑”|“粘贴”命令，使得该图片被复制一份，将这两个图片摆放在不同的位置。

❻ 同时选中图 7.4 所示图片和图 7.5 所示文字块，点击居中对齐工具条，使得文字块和图片居中对齐，对齐后的效果如图 7.6 所示。

图 7.6 文字块与图片居中对齐后效果

❼ 同时选中图 7.6 所示对齐的文字块和图片，单击块合并工具条，这样文字块将图片裁剪为文字的样式，如图 7.7 所示。

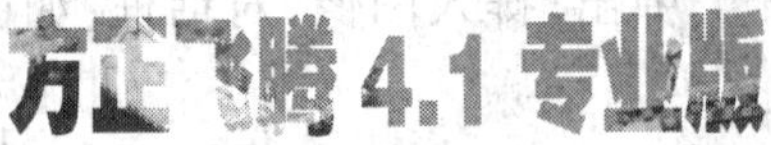

图 7.7 文字裁剪图片效果

❽ 选择选取工具，选中图 7.7 中的文字裁剪图片后的效果，单击“美工”|“文字裁剪勾边”命令，弹出“文字裁剪勾边”对话框，如图 7.8 所示。

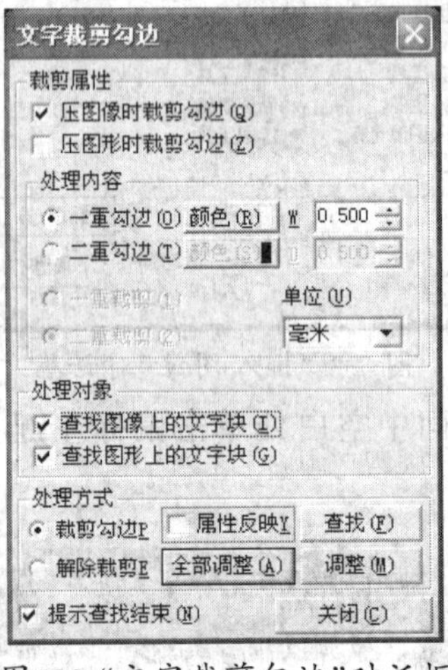

图 7.8 “文字裁剪勾边”对话框

❾ 在“文字裁剪勾边”对话框中，分别设置如下选项：

在“裁剪属性”选项中选中“压图像时裁剪勾边”选项。

在“处理内容”选项中选中“一重勾边”选项，并设置颜色为“白色”。

在“处理对象”选项中选中“查找图像上的文字块”和“查找图形上的文字块”选项。

在“处理方式”选项中选中“裁剪勾边”选项。

设置好以上选项后，单击“调整”按钮，并单击“关闭”按钮退出该对话框，此时图 7.7 所示的文字块已经被设置了自动采购勾边的属性，当它放到任意图像上时，在图像上的部分会自动勾白色的边。

❿ 选择选取工具，选中第 5 步中复制的图片和第 9 步设置好“文字裁剪勾边”属性的文字块。

⓫ 点击居中对齐工具条▣,使得文字块和图片居中对齐,对齐后的效果如图 7.9 所示,文字在图片上实现了透明效果。

图 7.9 文字透明效果

7.2 双环文字效果

在图 7.2 所示的文字效果中,是一个多重功能组合的文字效果,要实现该效果,需要熟练掌握沿线排版,裁剪路径等功能和属性。

下面介绍其实现步骤:

❶ 首先准备好文字内容,如图 7.10 所示,新建一个内容为"姑苏城外寒山寺夜半钟声到客船"的文字块,并设置好字体、字号。

姑苏城外寒山寺夜半钟声到客船

图 7.10 新建文字块

❷ 选择画椭圆形工具⬭,按住 Shift 键的同时,在版面上按住鼠标左键并拖动鼠标,生成一个圆形的图形,如图 7.11 所示为生成的圆形。

图 7.11 画好的圆形

❸ 点击"视窗"|"沿线排版窗口"命令,如图 7.12 所示。

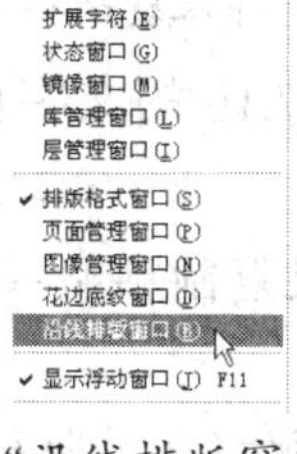

图 7.12 "沿线排版窗口"命令

❹ 弹出“沿线排版”浮动窗口,如图 7.13 所示。

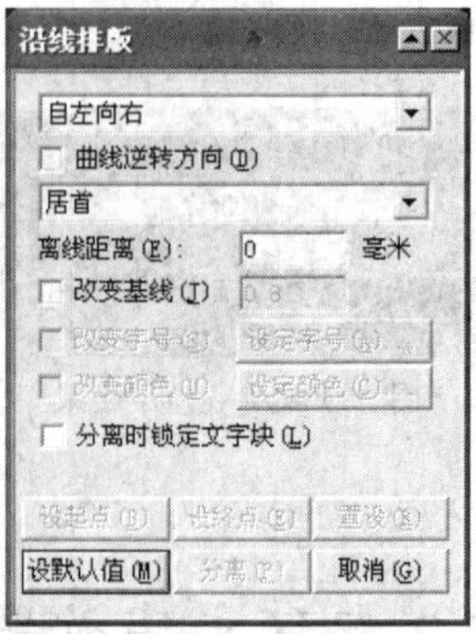

图 7.13 沿线排版浮动窗口

❺ 选择选取工具,同时选中图 7.10 的文字块和图 7.11 的圆形,将它们复制两份在版面中,此时在版面上就有了三个相同的圆形和三个相同的文字块,作为后面操作过程中的备用对象。

❻ 选择选取工具,同时各选中一个图 7.10 的文字块和图 7.11 的圆形,此时沿线排版浮动窗口中部分选择自动被激活。

❼ 在“沿线排版”浮动窗口中,分别设置如下选项:

排版方向:自左向右。

文字对齐:撑满。

选中“改变基线”选项,并设置参数为“0.5”。

设置好相关选项后的沿线排版窗口如图 7.14 所示。

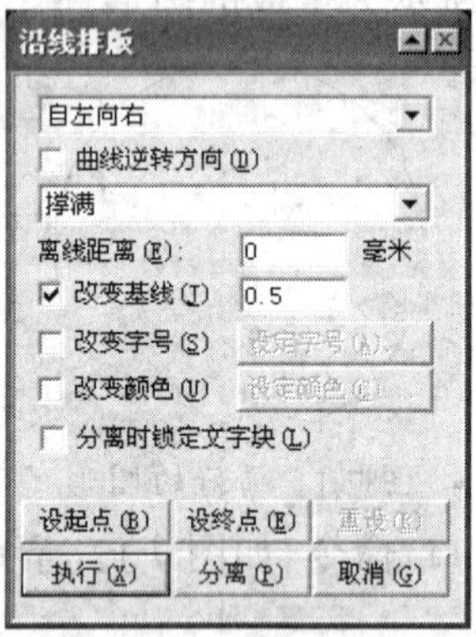

图 7.14 设置好参数的沿线排版窗口

❽ 在上图中单击“执行”按钮,图 7.10 的文字块就会自动沿着图 7.11 所示的圆形排版,其效果如图 7.15 所示。

❾ 将图 7.15 所示的沿线排版效果复制粘贴一份,用于后面的操作使用,这样在版面就存在两个相同的该沿线排版结果。

❿ 运用选取工具,选中图 7.15 所示的沿线排版结果。

图 7.15 沿线排版效果

⓫ 单击快捷键 F10，弹出“一站式窗口”对话框，点击进入上方的“边框线”选项，在该窗口中分别设置如下选项：

线型：单线。

粗细：1.927 字。

颜色设置：选择“双色渐变”和“法线方向”。，单击“颜色”按钮，弹出“渐变设置”对话框，如图 7.16 所示，在该对话框中，分别设置“起始颜色”为白色，“终止颜色”为黑色，并选择“循环渐变”选项。

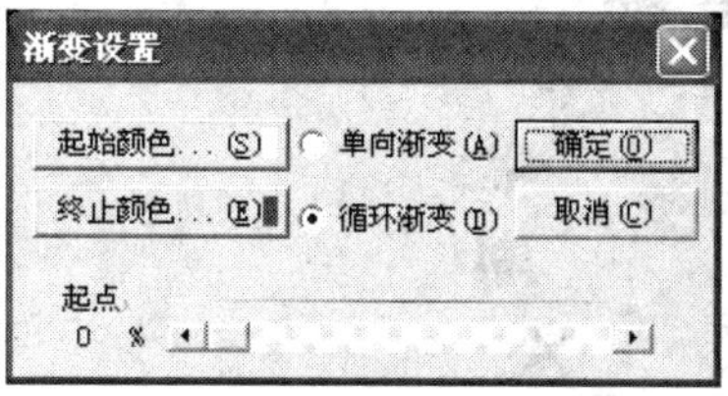

图 7.16 “渐变设置”对话框

其他选项以默认为准，设置好的“一站式窗口”如图 7.17 所示。

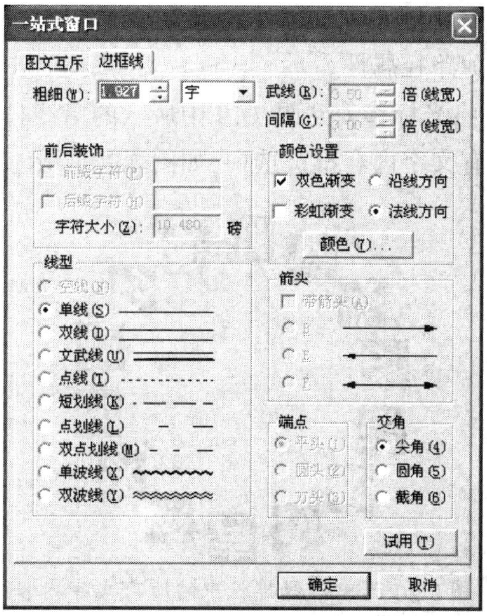

图 7.17 设置好的一站式窗口对话框

⓬ 在“一站式”窗口中单击“确定”按钮，此时沿线排版的文字效果变成如图 7.18 所示的沿线排版效果。

姑苏城外寒山寺夜半钟声到客船

图 7.18 设置了双色法线渐变的沿线排版效果

注意：本节要求的效果是双色环的文字效果，到此步只是实现了黑色部分文字效果，还需要实现内环部分白色文字部分的效果，下面几个步骤就重点介绍白色环形字效果的实现。

⓭ 将一个之前复制好的圆形和第 9 步复制好的沿线排版效果准备好，并放在一起，如图 7.19 所示。

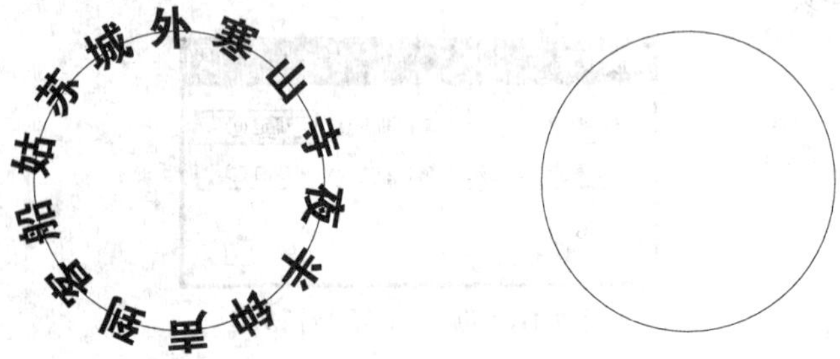
姑苏城外寒山寺夜半钟声到客船

图 7.19 准备好沿线排版效果文字和圆形

⓮ 选择选取工具 ，选中上步中准备好的圆形，点击“美工”|“路径属性”|“裁剪路径”命令，将该圆形设置为裁剪路径属性。

⓯ 选取文字工具 **T**，将光标移动到图 7.19 中所示的沿线排版效果上，并双击鼠标左键，此时沿线排版中的所有文字内容都被选中，如图 7.20 所示。

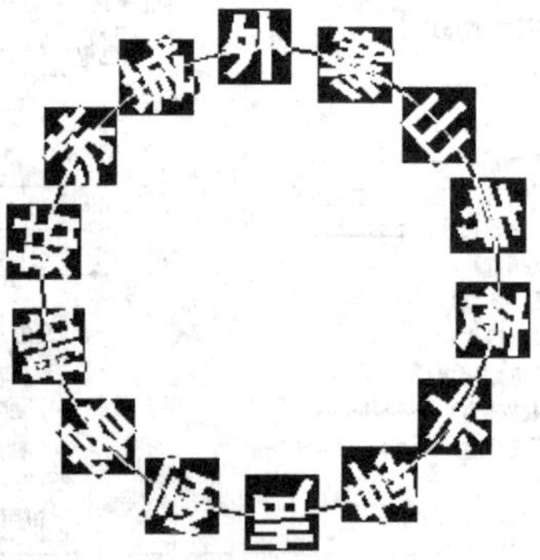
姑苏城外寒山寺夜半钟声到客船

图 7.20 选中沿线排版中的所有文字内容

⑯ 点击快捷键 F6,弹出颜色设置对话框,在对话框中设置颜色为白色,如图 7.21 所示为颜色设置对话框。

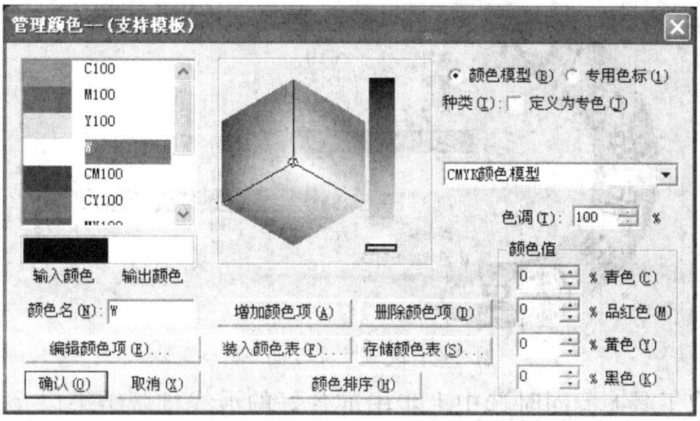

图 7.21 颜色设置对话框

⑰ 单击"确定"按钮,此时沿线排版中的文字内容被设置成白色,如图 7.22 所示。

图 7.22 白色文字的沿线排版结果

⑱ 选择选取工具,同时选中图 7.22 中所示的准备好的沿线排版效果和在第 14 步骤中复制好的圆形,并点击中齐工具条,将这两个对齐叠放在一起。

⑲ 单击合并工具条,这样图 7.22 中所示的沿线排版效果就被圆形裁剪完毕。

⑳ 选择选取工具,选中上一步生成的沿线排版结果,单击"美工"|"空线"命令,将沿线排版效果的线型设置为空线,将其放置在一个黑色方块上,以便显示其效果,如图 7.23 所示。

图 7.23 空线、被裁剪、白色文字的沿线排版效果

㉑ 选择选取工具，选中图 7.18 所示的沿线排版效果，单击鼠标右键，选择“层次”|“到后面”命令，如图 7.24 所示。

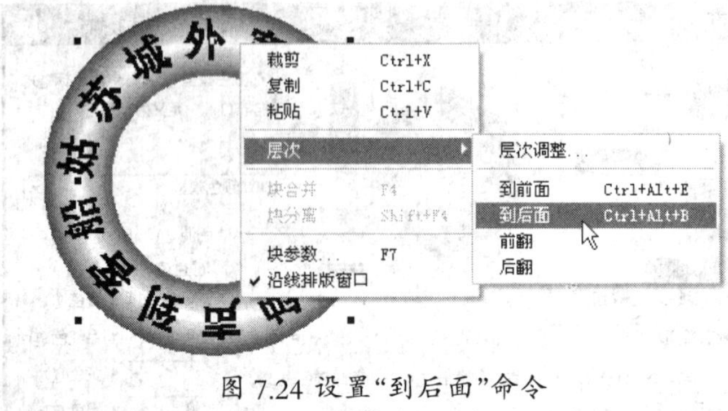

图 7.24 设置“到后面”命令

㉒ 选择选取工具，同时选中上步中准备好的沿线排版结果以及图 7.18 所示的沿线排版效果，并点击中齐工具条，使得这两个对齐叠放在一个，如图 7.25 所示为最终生成的双环文字效果。

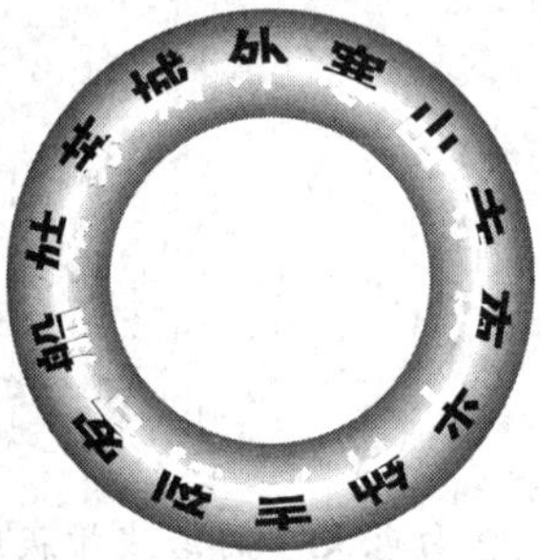

图 7.25 生成的双环文字效果

第八章 TAB键功能技巧

【本章习题】

习题一:TAB键功能的作用?

习题二:如何实现TAB键功能?

【关键技巧】

- TAB键功能
- TAB键的定义
- TAB键的使用

8.1 TAB键的定义

在飞腾中定义TAB键的作用是:实现上下行文字的对齐以及段首对齐。

8.1.1 定义TAB键

下面举例说明使用TAB键对齐文字的步骤:

❶ 单击“格式”|“TAB键”“定义TAB键”命令,弹出“TAB设定”对话框,如图8.1所示。

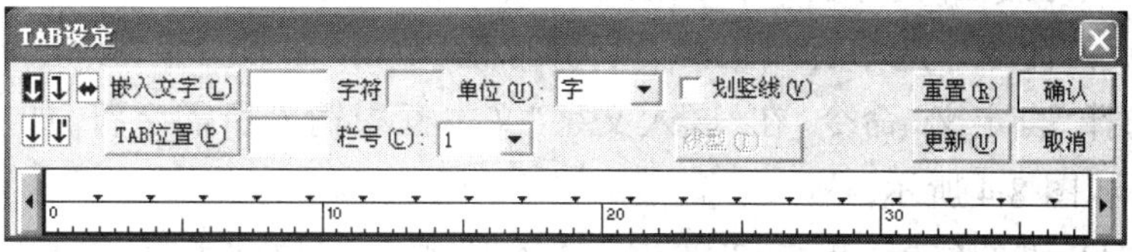

图8.1 “TAB设定”对话框

❷ 定义TAB键。选中按钮,则TAB键对应的一列对象为左对齐,表示右对齐,表示居中对齐。表示按字符对齐,当选中此按钮时,“字符”文本框被激活,可在“字符”文本框中输入对齐的字符。

❸ 此时，对话框下方的标尺与版面上的标尺相同，移动其两侧的三角按钮可以显示版面的不同位置。如果选中某文字块后再打开该对话框，则对话框中的标尺为 0 处，表示文字块中最左侧文字所在处。单击标尺上的 5 字处，标尺上会出现。在 15 字处单击，标尺上仍出现，此时，单击按钮，会变成，表示居中对齐。按同样的方法，把对话框设为如图 8.2 所示。选中按字符对齐标记时，“字符”文本框被激活，在该文本框中输入“6”，表示按 6 对齐。

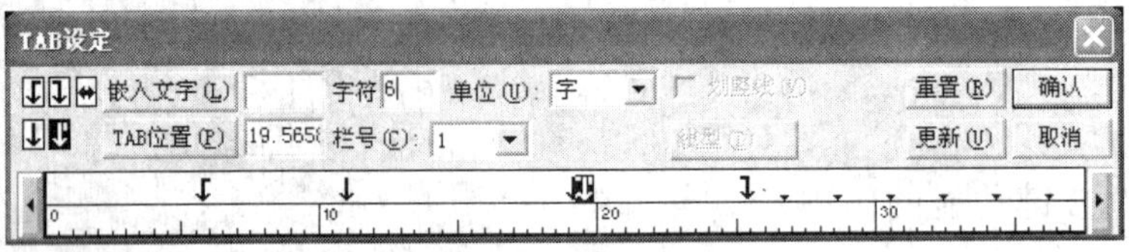

图 8.2 设置 TAB 键

❹ 设定好 TAB 键后，可以输入需要对齐排列的内容。此例中，把光标置于 X 轴为 0 字处，按键盘上的 Tab 键或向右键，光标就定位在设了 TAB 键的地方，用文字工具输入“姓名”。再按 Tab 键，输入“性别”。按同样的方法依次输入所需排列的内容，结果如图 8.3 所示。

姓名	性别	总分	籍贯
白一	女	396	北京市
王钢	男	467	上海市
黄山高	男	602	浙江省
田青	女	506	安徽省
许可	男	563	北京市

图 8.3 按 TAB 键对齐效果

注意：在输入时，最好把文字块的大小设成足够大，否则，按 Tab 键时，会自动转到下一行。

❺ 从图中可见，第 1 列左对齐，第 2 列居中对齐，第 3 列按字母对齐，第 4 列右对齐。

❻ 在文字之间加上符号或文字效果代替 TAB 键的宽度。用选取工具选中文字块，打开“TAB 设定”对话框。选中标尺上的居中对齐标记，单击“嵌入文字”按钮，在弹出的下拉列表中选择“+”命令。选中标尺上的右对齐标记，单击“嵌入文字”按钮，在弹出的下拉列表菜单中选择“自定义”命令，在“嵌入文字”文本框中输入所需字符，如“a”。单击“更新”按钮，效果如图 8.4 所示。

❼ 编辑 TAB 键的位置。单击“TAB 位置”按钮，弹出下拉列表，如图 8.5 所示。可以在文本框中输入要设置 TAB 键的位置，如 20 字。单击“追加”选项，就会在第 20 个字的位置上增加一个 TAB 键的标记。还可以选中某个 TAB 键，在文本框中输入所需的位置，如输入“20”，单击“移动”选项，则选中的 TAB 键将移动到输入的位置上，即移动到 20 处。

还可以选中某个 TAB 键,单击“删除”选项,则删除被选中的 TAB 键。单击“重复”选项则可以重复上一步的操作。比如上一步的操作是删除选中的 TAB 键,则单击“重复”选项,则会删除此时选中的 TAB 键。单击“默认值”选项,则所有的设置取消(单击“重置”按钮也会有这种效果),TAB 键的设置为最初的默认设置。单击“设定为默认”选项,则将当前的设置为默认状态。可以在其后的下拉列表中改变 TAB 键的单位。

注意:除了使用“TAB 位置”按钮移动 TAB 键的位置外,直接在标尺上拖动对齐标记也能移动 TAB 键的位置。

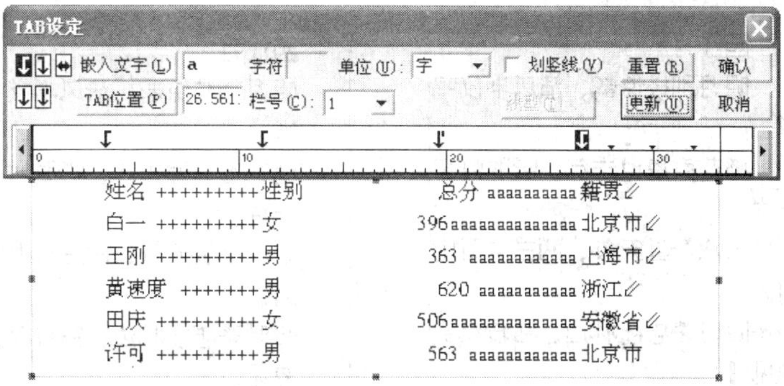

图 8.4　加上符号或文字效果代替 TAB 键的宽度

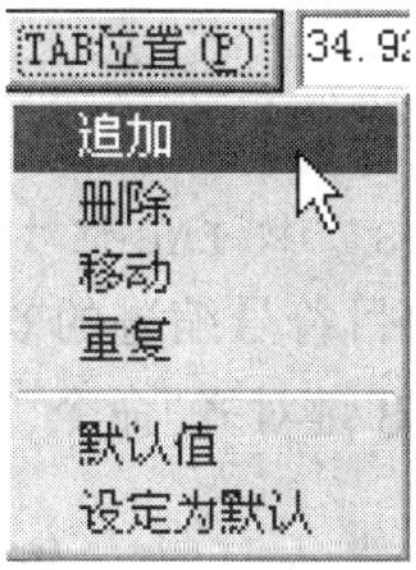

图 8.5　“TAB 位置”下拉列表

如果某版面或选中文字块分两栏或两栏以上，还可单独对某栏定义 TAB 键。“TAB 设定”对话框中的“栏号”下拉列表用来选择要定义 TAB 键的栏,如图 8.6 所示。选定栏后,其他的设置同上例。

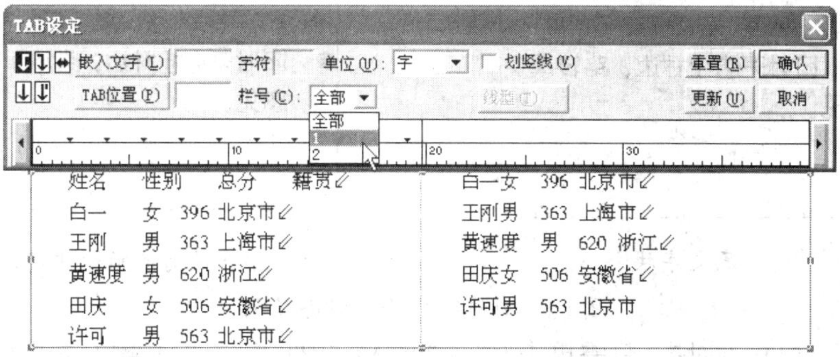

图 8.6　分栏定义 TAB 键

TAB 键的定义可以是针对全局设置的，也可以是针对某个选中文字块设置的。当针对全局设置时，在“设置 TAB 键”对话框中可以设置 TAB 键的范围是整个版面，而针对某个选中文字块设置时，可以定义 TAB 键的范围就是选中文字块的宽度。

8.1.2 按 TAB 键对齐

在文字块中按键盘上的 Tab 键设置 TAB 键的位置后，选中文字块，单击“格式”|“TAB 键”|“按 TAB 键对齐”命令，可以使文字按 TAB 键对齐，如图 8.7 所示。

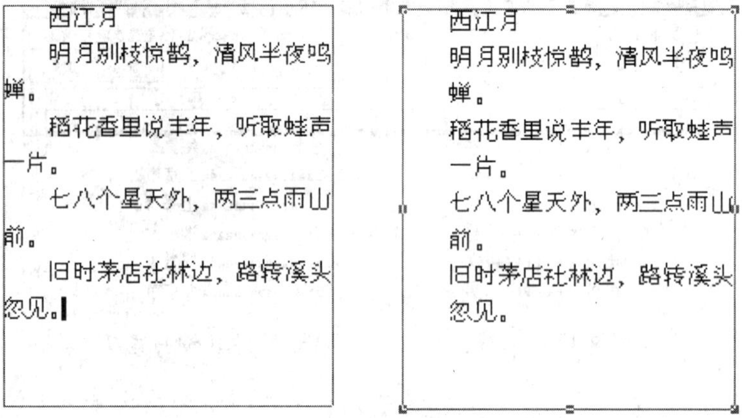
西江月
明月别枝惊鹊，清风半夜鸣
蝉。
稻花香里说丰年，听取蛙声
一片。
七八个星天外，两三点雨山
前。
旧时茅店社林边，路转溪头
忽见。
西江月
明月别枝惊鹊，清风半夜鸣
蝉。
稻花香里说丰年，听取蛙声
一片。
七八个星天外，两三点雨山
前。
旧时茅店社林边，路转溪头
忽见。

原文字块　　　　按 TAB 键对齐后的文字块

图 8.7　按 TAB 键对齐

使用该命令，可以制作出并列项目符号缩进的效果。在图 8.7 的最左侧添加项目符号(在 Tab 键之前)，然后执行“按 TAB 键对齐”命令，其效果如图 8.8 所示。

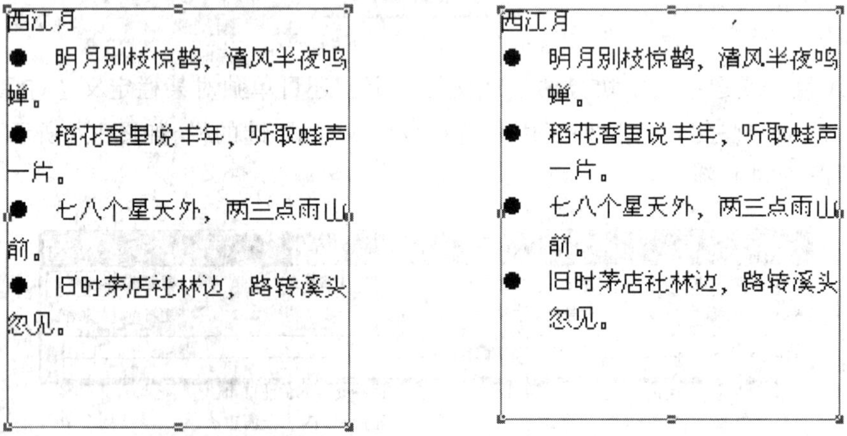
西江月
● 明月别枝惊鹊，清风半夜鸣
蝉。
● 稻花香里说丰年，听取蛙声
一片。
● 七八个星天外，两三点雨山
前。
● 旧时茅店社林边，路转溪头
忽见。
西江月
● 明月别枝惊鹊，清风半夜鸣
蝉。
● 稻花香里说丰年，听取蛙声
一片。
● 七八个星天外，两三点雨山
前。
● 旧时茅店社林边，路转溪头
忽见。

原文字块　　　　按 TAB 键对齐后的文字块

图 8.8　制作项目符号对齐效果

要取消按 TAB 键对齐，只需单击“格式”|“TAB 键”|“取消 TAB 键对齐”命令。

8.2 TAB 键功能实现无线表格

经常在举行重大的会议后，会有很多参会人员的名单需要在媒体上公布，例如，有100 个人员名单需要公布，用原来的排版方式，是在人名之间用空格键进行调整，以便上下对齐，这种方式效率低下，同时也很难真正对齐，若采用 TAB 键对齐的方式进行排版，会事半功倍，排版效率高、质量也更好。

本节以《水浒传》中的一百零八将名单为例，要将他们整齐排列，按照每行六列的方式将这些人名排出，每列都要求对齐。

如图 8.9 所示，是一百零八将的人员名单，在名单中，每行的每两个人名之间都用 TAB 键分隔。

水泊梁山天罡星三十六员
宋江 卢俊义 吴用 索超 保戴宗 刘唐
公孙胜 关胜 林冲 李逵 史进 穆弘
秦明 呼延灼 花荣 鲁智深 武松 董平
柴进 李应 朱仝 杨志 徐宁 张清
水泊梁山地煞星七十二员
朱武 黄信 孙立 杨春 郑天寿 陶宗旺
宣赞 郝思文 韩滔 宋清 乐和 龚旺
彭玘 单廷珪 魏定国 丁得孙 穆春 曹正
萧让 裴宣 欧鹏 宋万 杜迁 薛永
邓飞 燕顺 杨林 施恩 李忠 周通
凌振 蒋敬 吕方 汤隆 杜兴 邹渊
郭盛 安道全 皇甫端 邹润 朱贵 朱富
王英 扈三娘 鲍旭 蔡福 蔡庆 李立
王樊瑞 孔明 孔亮 李云 焦挺 石勇
项充 李衮 金大坚 孙新 顾大嫂 孙二娘
马麟 童威 童猛 张青 王定六 郁保四
孟康 侯健 陈达 白胜 时迁 段景住

图 8.9 一百零八将名单

在此，采用 TAB 键实现无线表格的方式，让上下人名对齐，下面就详细介绍实现无线表格对齐的步骤：

❶ 选择选取工具，选中图 8.9 所示的人员名单的文字块。

❷ 调整文字块的宽度，使其满足版面宽度的要求，离版心两边都是 20 毫米。

❸ 在选中该文字块的情况下，点击“格式”|“TAB键”|“定义TAB键”命令，弹出“TAB设定”对话框，如图8.10所示。

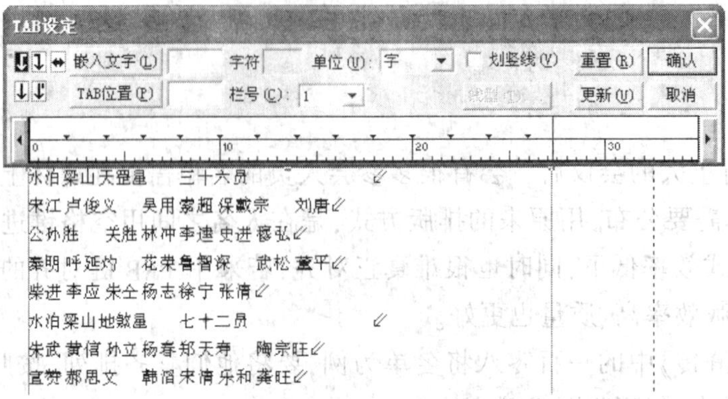

图8.10 “TAB设定”对话框

❹ 在名单的每行中，都有5个TAB键，这样需要在图8.10所示的TAB设定对话框上的标尺上设定5处的位置，单击“更新”按钮后，对齐结果如图8.11所示。

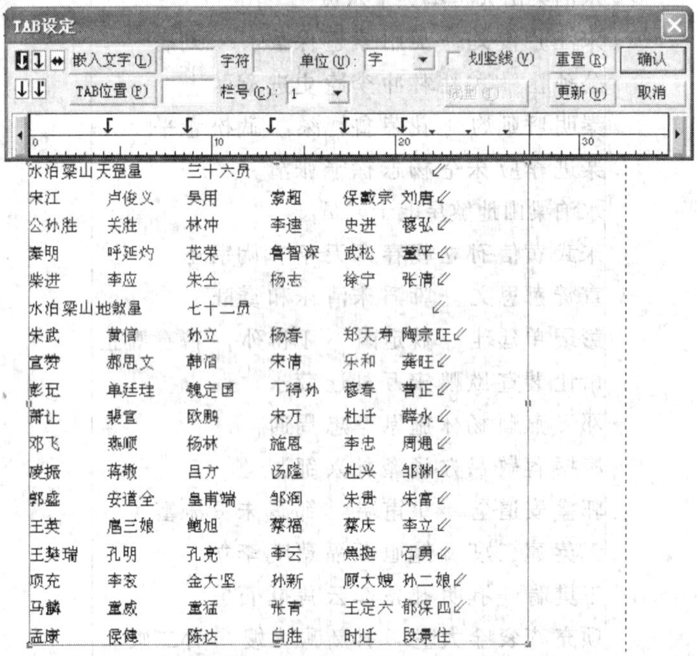

图8.11 设定TAB对齐的位置

❺ 选择选取工具，选中标尺上左边第一个对齐标志，点击左上方的居中对齐标志，将其设置为居中对齐方式，剩下的其余4个对齐标志都按照同样的方法，将其改成居中对齐标志。

❻ 此时TAB设定对话框标尺上所有的对齐标志都是居中对齐方式，使用选取工具选中左边第一个对齐标志，在“TAB位置”按钮右侧输入框中输入数字“9”，单击“TAB位置”按钮，在弹出的菜单中选择“移动”命令，如图8.12所示，这样第一个对齐标

志被指定到第9个字的位置，使用同样的方式，将后面的四个标志分别指定到第13、17、21、25等位置，单击“更新”按钮。

图 8.12 移动标志命令

❼ 这样名单就基本满足要求，使用选取工具双击该文字块，让该文字块自动调整为适合的大小，则生成最终的对齐效果，如图8.13所示。

水泊梁山天罡星　三十六员					
宋江	卢俊义	吴用	索超	保戴宗	刘唐
公孙胜	关胜	林冲	李逵	史进	穆弘
秦明	呼延灼	花荣	鲁智深	武松	董平
柴进	李应	朱仝	杨志	徐宁	张清
水泊梁山地煞星　七十二员					
朱武	黄信	孙立	杨春	郑天寿	陶宗旺
宣赞	郝思文	韩滔	宋清	乐和	龚旺
彭玘	单廷珪	魏定国	丁得孙	穆春	曹正
萧让	裴宣	欧鹏	宋万	杜迁	薛永
邓飞	燕顺	杨林	施恩	李忠	周通
凌振	蒋敬	吕方	汤隆	杜兴	邹渊
郭盛	安道全	皇甫端	邹润	朱贵	朱富
王英	扈三娘	鲍旭	蔡福	蔡庆	李立
王樊瑞	孔明	孔亮	李云	焦挺	石勇
项充	李衮	金大坚	孙新	顾大嫂	孙二娘
马麟	童威	童猛	张青	王定六	郁保四
孟康	侯健	陈达	白胜	时迁	段景住

图 8.13 最后对齐的效果

第九章 图像裁剪技巧

【本章习题】

习题一：如图 9.1 所示，如何在飞腾中实现该图像裁剪？

习题二：如图 9.1 所示，如何结合 PhotoShop 实现该图片裁剪？

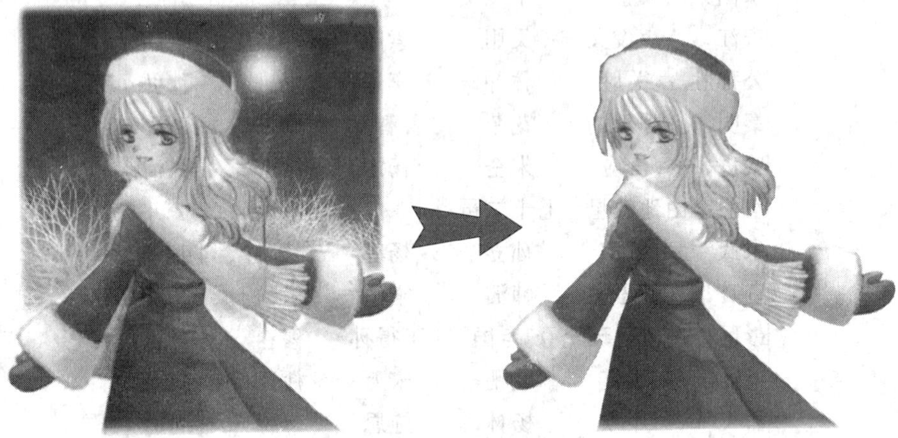

图 9.1 裁剪前后的图片效果

【关键技巧】

- 裁剪路径
- 贝塞尔曲线
- Photoshop 中的钢笔工具
- Photoshop 中的裁剪路径

9.1 飞腾中直接裁剪图片

在飞腾中，若需要将图片进行精确裁剪，需要结合画贝塞尔曲线工具，在图片上描出所需裁剪的部分曲线，将其设置为裁剪路径后与图片结合即可。

注意：贝塞尔曲线的基本操作，可以参阅《方正飞腾·排版工艺》的第73~75页内容。

以下介绍通过飞腾直接裁剪图片实现图9.1所示效果的步骤：

❶ 选择排入图像工具，弹出“图像排版对话框”，如图9.2所示，选择需要排入版面的图片，点击“排版”按钮。

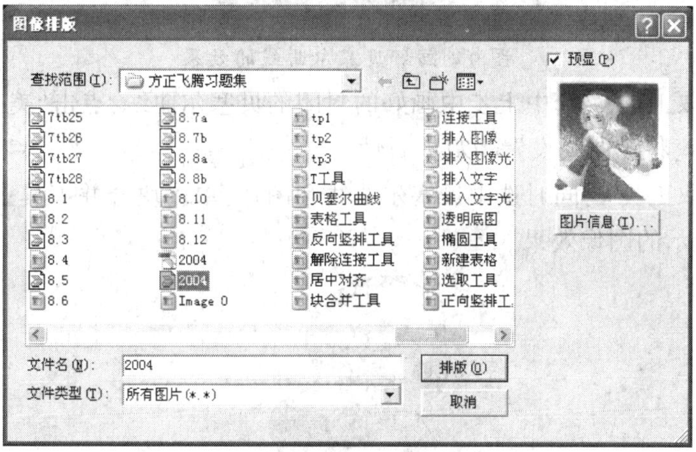

图9.2 “图像排版”对话框

❷ 光标变成，单击鼠标左键，则排入了如图9.3所示效果的图片。

图9.3 排入的图片效果

❸ 选择贝塞尔曲线工具，光标变成+，系统进入画贝塞尔曲线状态。

❹ 沿着图 9.3 所示的图片的人像周边画一根封闭的贝塞尔曲线，如图 9.4 所示。

图 9.4 画好贝塞尔曲线的效果

❺ 选择选取工具，选中上步中画好的封闭的贝塞尔曲线，点击“美工”|“路径属性”|“裁剪路径”命令，将该曲线设置为裁剪属性。

❻ 选择选取工具，同时选中贝塞尔曲线和图片，单击块合并工具，这样图片就被裁剪如图 9.5 所示的图像效果。

图 9.5 裁剪后的图像效果

❼ 选中该被裁剪后的图片，选择“美工”|“空线”命令，将图片的勾边设为空线即可。

❽ 利用该裁剪后的图片，可以用于在版面中进行图文互斥排版，达到较复杂的图文混排效果。

9.2 结合 PhotoShop 实现图像裁剪

如果我们不习惯在飞腾中使用贝塞尔曲线裁剪图片，而是习惯使用 PhotoShop 进行抠图，飞腾同样支持 PhotoShop 中抠好的图片进行排版，并同样支持排版面后沿着 PhotoShop 中设定的路径进行图文互斥排版。

下面介绍结合 PhotoShop 实现图像裁剪：

❶ 进入 PhotoShop 程序，并打开图 9.3 所示图片文件，打开后效果如图 9.6 所示。

图 9.6 Photoshop 中打开图片后的效果

❷ 选择左边工具条中的钢笔工具，并设定钢笔工具的作用为路径，并在图片上沿着人物四周勾路径，如图 9.7 所示。

图 9.7 沿着人物四周勾路径

❸ 待勾完路径后的效果如图 9.8 所示。

图 9.8 勾完路径后的效果

❹ 点击路径浮动窗口右上方的三角按钮，在弹出的菜单中选择“存储路径”命令，如图 9.9 所示。

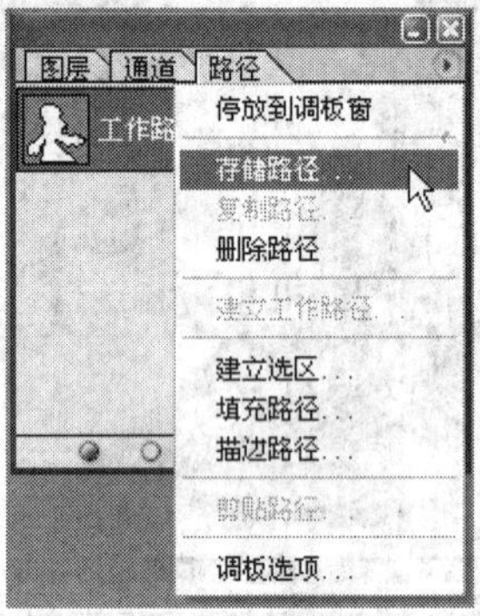

图 9.9 选择“存储路径”命令

❺ 弹出“存储路径”对话框，输入名称“人物外形”后，点击“好”按钮，则将该路径存储完毕，如图 9.10 所示。

图 9.10 “存储路径”对话框

❻ 再点击路径浮动窗口右上方的三角按钮，在弹出的菜单中选择“剪贴路径”命令，如图 9.11 所示。

❼ 弹出“剪贴路径”对话框，选择第 5 步存好的路径“人物外形”，点击“好”按钮，则将该“人物外形”路径被设置为剪贴路径，如图 9.12 所示。

注意：第 7 步中选择的路径 名称必须与第 5 步中存储的一致。

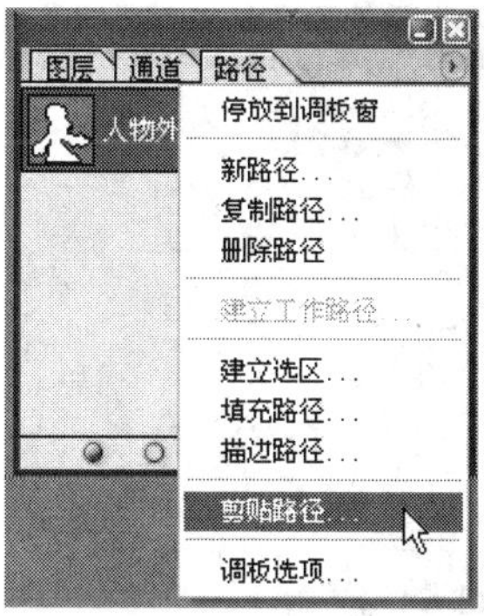

图 9.11 选择“剪贴路径”命令

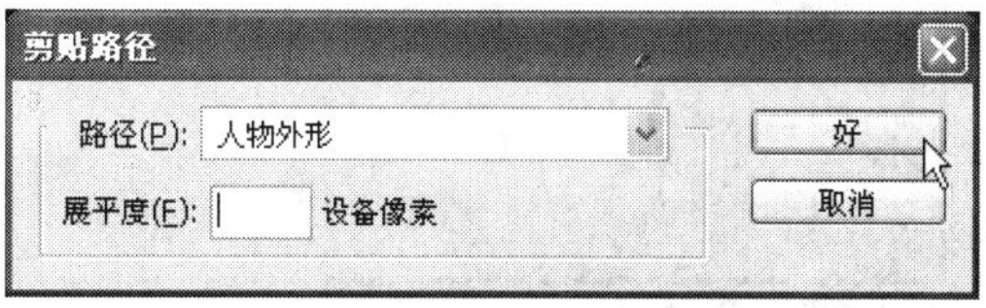

图 9.12 “剪贴路径”对话框

❽ 点击“文件”|“存储为”命令，如图 9.13 所示。

❾ 弹出“存储为”对话框，如图 9.14 所示，在该对话框中，除了选择保存的路径，必须将该文件存储为 TIFF (*.TIF)格式，或者为 Photoshop EPS(*.EPS)格式，设定文件后，单击“保存”按钮将图片存盘。

❿ 若第 9 步选择存盘格式为 TIFF(*.TIF)格式，则弹出如图 9.15 所示的“TIFF 选项”对话框，按照如图所示选项进行选择后，单击“好”按钮即可。

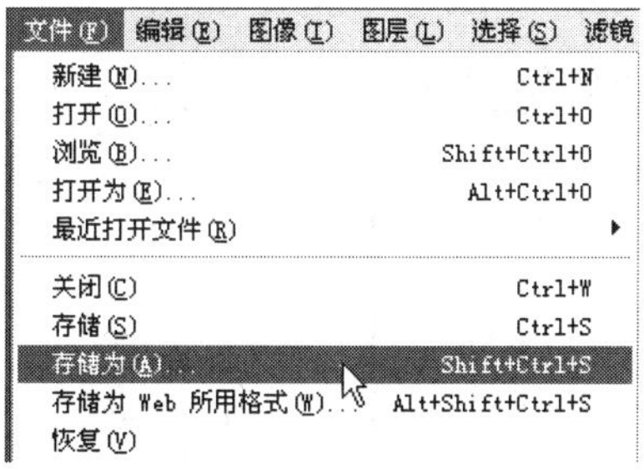

图 9.13 选择“存储为”命令

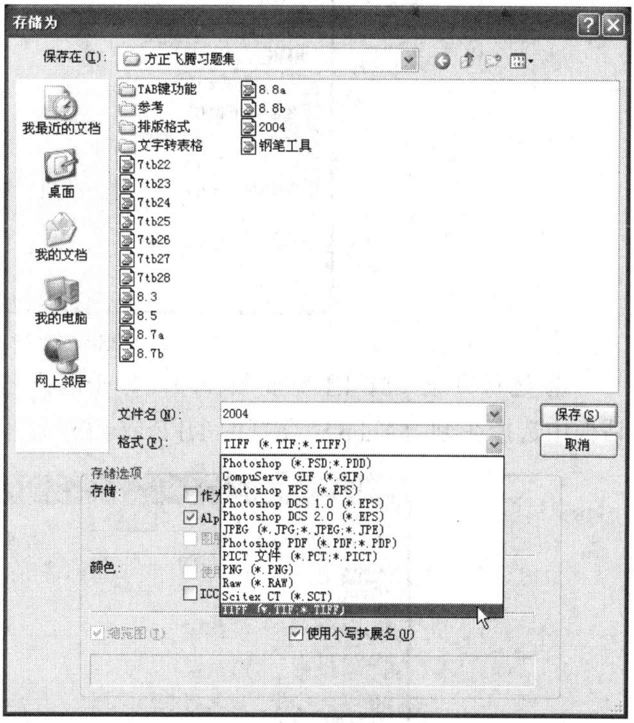

图 9.14 “存储为”对话框

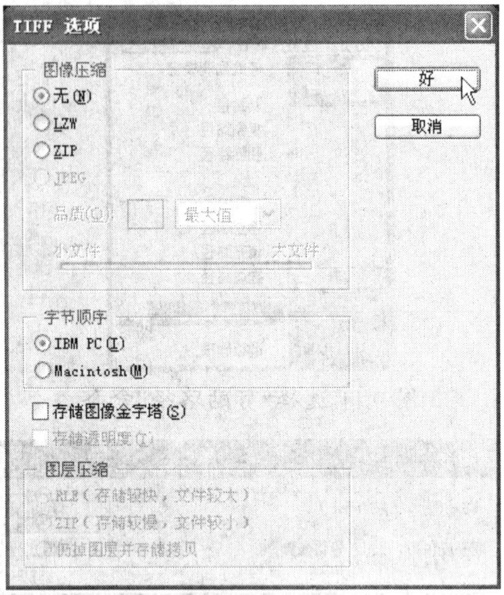

图 9.15 “TIFF 选择”对话框

⓫ 若第 9 步选择存盘格式为 Photoshop EPS(*.EPS)格式，则弹出如图 9.16 所示的“EPS 选项”对话框，按照如图所示选项进行选择后，单击“好”按钮即可。

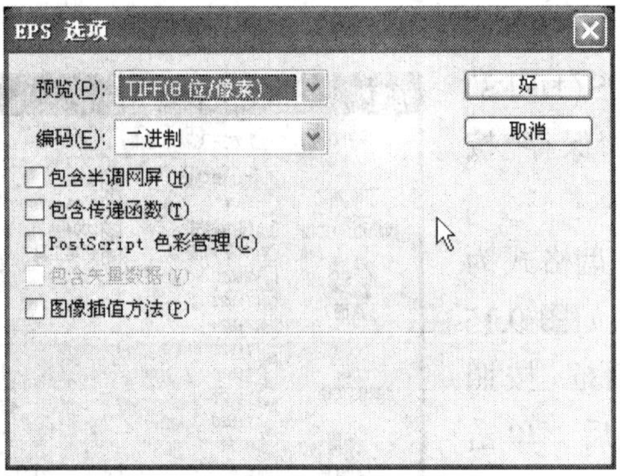

图 9.16 “EPS 选择”对话框

⓬ 运行方正飞腾 4.1 专业版程序。单击灌入图像工具条，在弹出的“图像排版”对话框中选择在 Photoshop 中存好的 TIFF 或 EPS 文件，如图 9.17 所示。

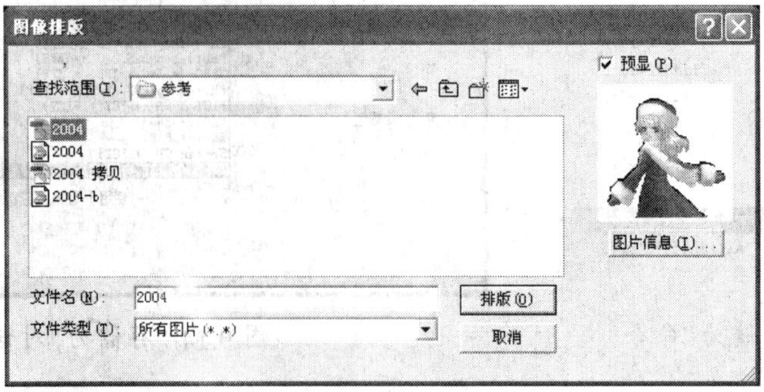

图 9.17 排入Photoshop 中修改的文件

⑬ 将图片灌入版面后，选中该图片，并单击“版面”|“图文互斥”对话框，如图 9.18 所示，按照图示的选择进行设定，单击“确定”按钮。

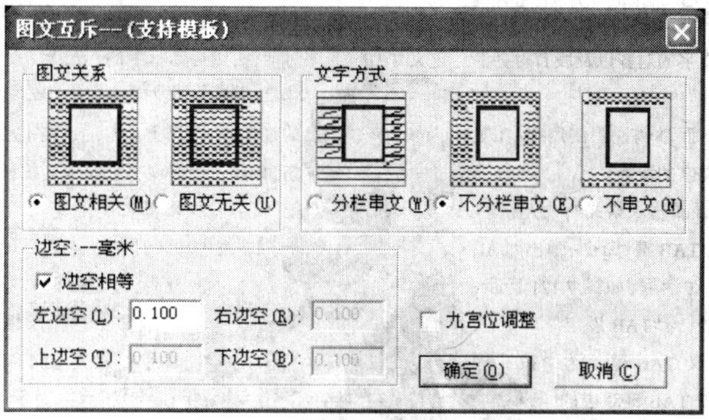

图 9.18 “图文互斥”对话框

现在该图片可以以任意的文字块组合排版，达到复杂的图文互斥效果。

⑭ 在版面中排入一个文字块，如图 9.19 所示。

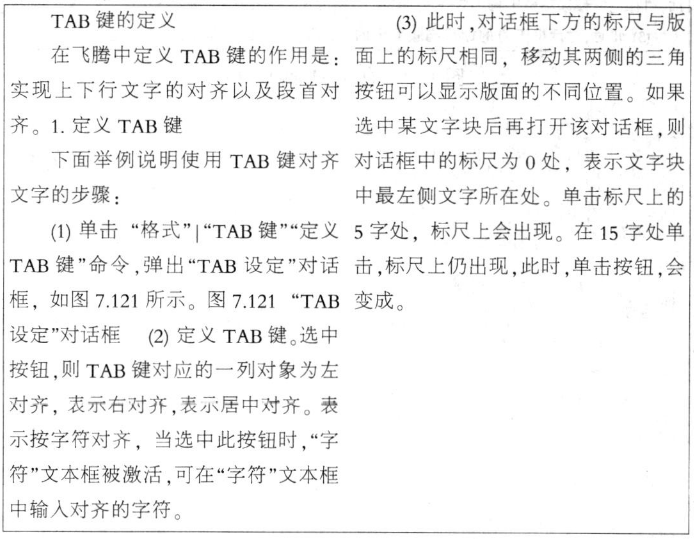

TAB 键的定义

在飞腾中定义 TAB 键的作用是：实现上下行文字的对齐以及段首对齐。1. 定义 TAB 键

下面举例说明使用 TAB 键对齐文字的步骤：

(1) 单击 “格式”|“TAB 键”“定义 TAB 键”命令，弹出“TAB 设定”对话框，如图 7.121 所示。图 7.121 “TAB 设定”对话框　(2) 定义 TAB 键。选中按钮，则 TAB 键对应的一列对象为左对齐，表示右对齐，表示居中对齐。表示按字符对齐，当选中此按钮时，“字符”文本框被激活，可在“字符”文本框中输入对齐的字符。

(3) 此时，对话框下方的标尺与版面上的标尺相同，移动其两侧的三角按钮可以显示版面的不同位置。如果选中某文字块后再打开该对话框，则对话框中的标尺为 0 处，表示文字块中最左侧文字所在处。单击标尺上的 5 字处，标尺上会出现。在 15 字处单击，标尺上仍出现，此时，单击按钮，会变成。

图 9.19 新建文字内容

⑮ 用选择工具 选中图片，将其拽入上一步生成的文字块中，如果 9.20 所示。

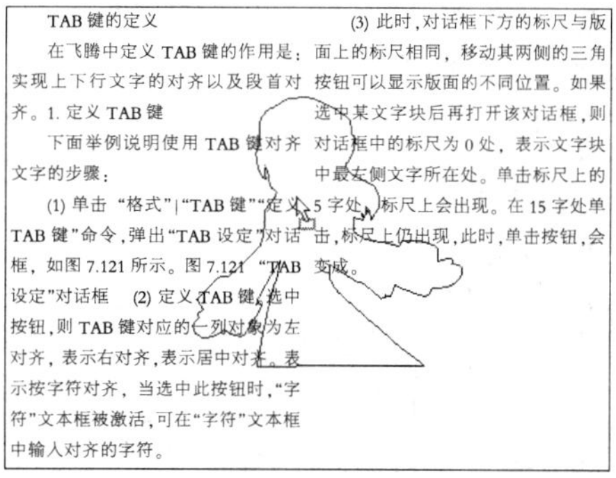

图 9.20 将图片拽入文字块

⑯ 这样文字块与图片就好自动绕排，其效果如图 9.21 所示。

TAB 键的定义
在飞腾中定义 TAB 键的作用是：实现上
下行文字的对齐以及段首对齐。1. 定义 TAB
键
下面举例说明使用 TAB 键
对齐文字的步骤：
(1) 单击 “格式”|“TAB 键”
“定义 TAB 键”命令，弹出“TAB
设定”对话框，如图 7.121 所示。
图 7.121 “TAB 设定” 对话框
(2) 定义 TAB 键。选中按
钮，则 TAB 键对应的
一列对象为左对齐，
表示右对齐，表示居
中对齐。表示按字符对齐，当选
中此按钮时，“字符”文本框被激
活，可在“字符”文本框中输入对齐的字符。
(3) 此时，对话框下方的标尺与版面上的
标尺相同，移动其两侧的三角按钮可以显示
版面的不同位置。如果选中某文字块后再打
开该对话框，则对话框中的标尺为 0 处，表示
文字块中最左侧文字所在处。单击标尺上
的 5 字处，标尺上会出现。在 15 字处单
击，标尺上仍出现，此时，单击按钮，会变
成。符”文本框被激活，可在“字符”文
本框中输入对齐的字符。
(3) 此时，对话框下方的标尺与
版面上的标尺相同，移
动其两侧的三角按
钮可以显示版面的
不同位置。如果选中某文字块后再打开
该对话框，则对话框中的标尺为 0
处，表示文字块中最左侧文
字所在处。单击标尺上的
5 字处，标尺上会出现。在 15 字处单击，标尺
上仍出现，此时，单击按钮，会变成。

图 9.21 自动绕排效果

第十章 飞腾实现补字技巧

【本章习题】

习题一：如何直接在飞腾中直接实现补字？

习题二：对在飞腾补好的字，如何保存并重复利用？

【关键技巧】

- 转为曲线
- 图元合并
- 库管理
- 插入盒子

10.1 实现补字技巧

若我们使用的字库属于 GB2312 标准，那么每款字体只保护了 6763 个字，有很多常用文字需要通过补字才能实现排入版面，例如：“镕”字，它经常使用却在 GB2312 的字体中没有，这样就经常需要补字。

一般若使用方正女娲补字软件，需要的步骤补字烦琐，甚至需要将相关补字文件一同打包传给输出中心，下面介绍一种通过飞腾的文字转曲线功能实现补字效果的方法，该方法在《排版工艺 • 方正飞腾》一书的第 49 页有简单介绍，在这里做详细的描述，其操作步骤如下：

❶ 若我们需要补“镕”字，首先需要找两个分别具备该字的偏旁和部首内容的文字，例如“铁”字有金字偏旁，“熔”字有其部首，那么我们先建立一个新的文字块，在其中分别输入“铁”字和“熔”字，若需要补的字要在版面中设为黑体，则需要将这两个字也设置为黑体字，如图 10.1 所示。

铁　熔

图 10.1 输入相同字体的两个相关文字

❷ 使用选取工具，选中上图中的文字块，并选择“美工”|“转为曲线”命令，将该文字块的内容全部转为曲线，如图 10.2 所示为转换后的效果。

图 10.2 文字块转为曲线

注意：上图中被转为曲线后的文字，被自动设置了默认的勾黑边效果，所以效果显得更加粗，为保持与正常文字效果一致，需要将其勾的黑边去掉。

❸ 使用选取工具，选中上图中转化为曲线的文字块，单击“美工”|“单线”命令将其黑边去掉，去掉黑边后的效果如图 10.3 所示。

图 10.3 去掉黑边的的效果

❹ 此时的效果已经变成两个图元块的组合，用选取工具选中它，并单击块分离工具条，这样该组合被分解为两个图元，用选取工具选中这两个曲线内容，如图 10.4 所示为选中后端 效果。

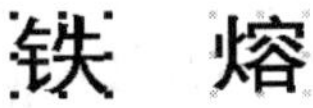

图 10.4 被分离的图元

❺ 用选取工具选中这两个曲线内容后，再单击块分离工具条，将这两个图元组合分解为贝塞尔曲线，如图 10.5 所示。

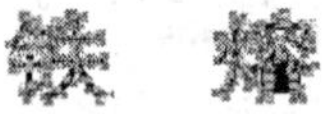

图 10.5 分解为贝塞尔曲线的文字

❻ 此时要转换为贝塞尔曲线的文字的多余部门去掉，使用选取工具选中“铁”字的右边部分曲线和“熔”字的左边部分曲线，点击 Del 键将它们删除，删除后的效果如图 10.6 所示。

图 10.6 删除多余部分的曲线

❼ 用选取工具将上图所示的曲线内容挪动到一起，并选中它们，如图 10.7 所示。

图 10.7 放到一起的文字曲线

注意：此时直接点击块合并命令，会发现合并后的“镕”字效果不正确，在其右下方会有黑块，这时需要使用图元合并功能，并重叠的图元效果合并，才能获得正确的补字效果。

❽ 用选取工具选中上图中的曲线内容后，点击“美工”|“图元合并”|“重叠部分合

并”命令，获得组合后的最终补字效果，如图 10.8 所示。

图 10.8 组合成的补字效果

❾ 选择“文字”|“插入盒子”命令，这样所有的对象都可以以盒子的方式插入到文字块中。

❿ 新建文字块，输入“朱基”两字，如图 10.9 所示。

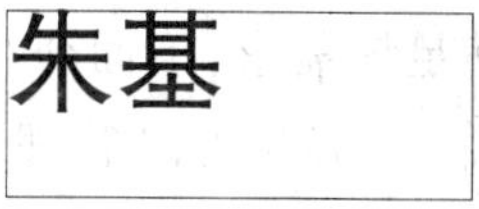

图 10.9 新建文字块

⓫ 用选取工具选中图 10.8 所示补字结果，点击快捷键 Ctrl+C 复制该补字效果。

⓬ 切换到文字工具 **T**，将光标插入到图 10.9 所示文字块的“朱”字后面，点击快捷键 Ctrl+V 粘贴该补字内容，如图 10.10 所示为粘贴后的文字块效果。

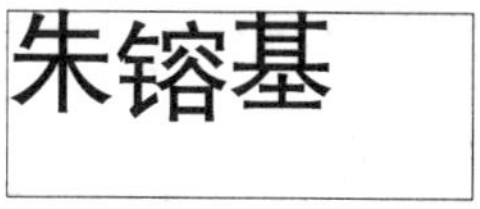

图 10.10 插入补字后的效果

⓮ 这时发现补的字基线偏下，选择文字工具 **T**，在图 10.10 所示的文字块中选择补的字“镕”，选中后的效果如图 10.11 所示。

图 10.11 用 T 工具选中补的“镕”字

⓯ 单击“格式”|“基线调整”命令，弹出“基线调整”对话框，如图 10.12 所示，在该对话框中设定基线大小为“-0.8 毫米”，单击“确定”按钮。

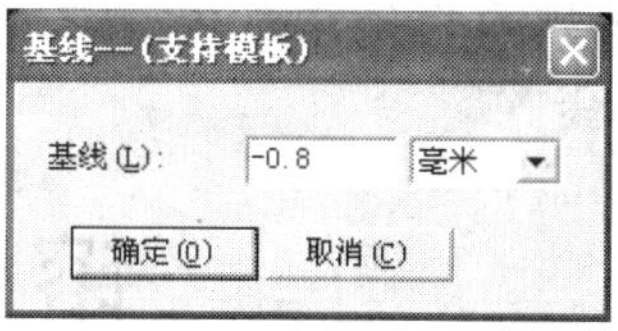

图 10.12 “基线”调整对话框

⓰ 此时补字已经与文字块中的全部对齐，如图 10.13 所示。

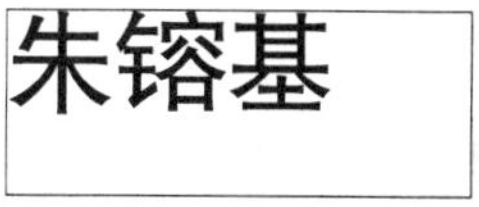

图 10.13 补字位置调整后的效果

10.2 补字的重复利用

在补字完成并顺利排入版面后，很有可能这次补好的字在下次排版的时候再次需要使用，所以需要将每次补字的结果存储起来，以便下次重复利用，避免造成重复劳动，在飞腾中需要运用“库管理”的功能满足该需求，下面介绍其操作步骤：

❶ 单击“视窗”“库管理窗口”命令，弹出“库”管理浮动窗口，如图 10.14 所示。

图 10.14 库管理浮动窗口

库管理浮动窗口可以存储所有飞腾的操作对象，例如，文字、文字块、图元、图像以及这些对象的组合等等，都可以存储到库中，在此需要存储的是补字的效果，属于存储图元内容。

❷ 选择选取工具，选中补好的“镕”字，并按住鼠标左键将其拽入到库管理从存储窗口中，如图 10.15 所示。

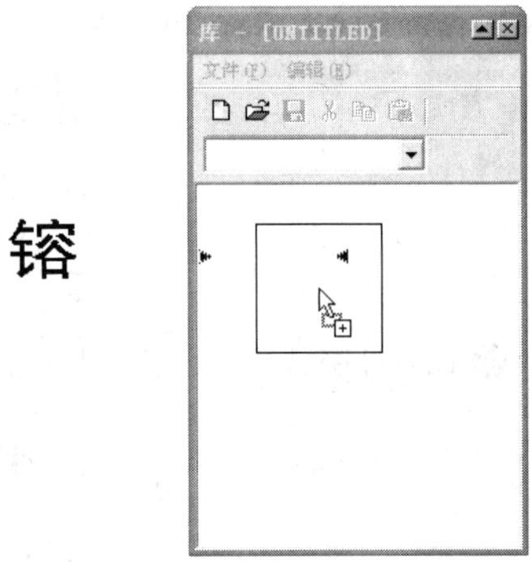

图 10.15 将补字拽入到库管理中

❸ 当鼠标左键松开后，会弹出对话框提示存储的对象的名称，如图 10.16 所示。

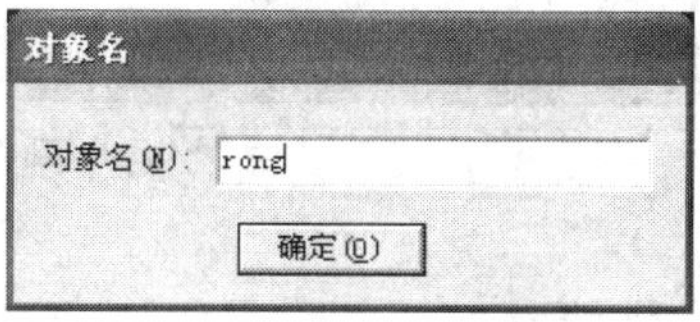

图 10.16 输入对象名

❹ 在上图中输入对象名称后，点击“确定”按钮，则补字自动在库管理中显示出来，如图 10.17 所示。

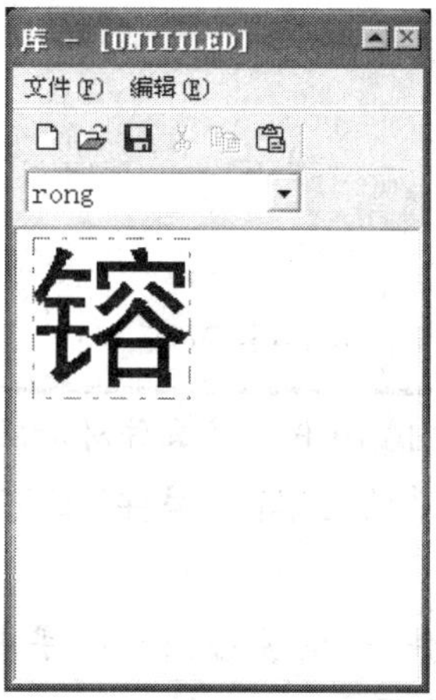

图 10.17 库管理中的显示

❺ 应用同样的方法，在库管理中可以拽入其他的一些图形图像等对象，如图 10.18 所示。

图 10.18 装入更多对象的库管理

❻ 在库管理窗口中，单击“文件”|“存文件”命令。

❼ 弹出保存库文件对话框，如图 10.19 所示。

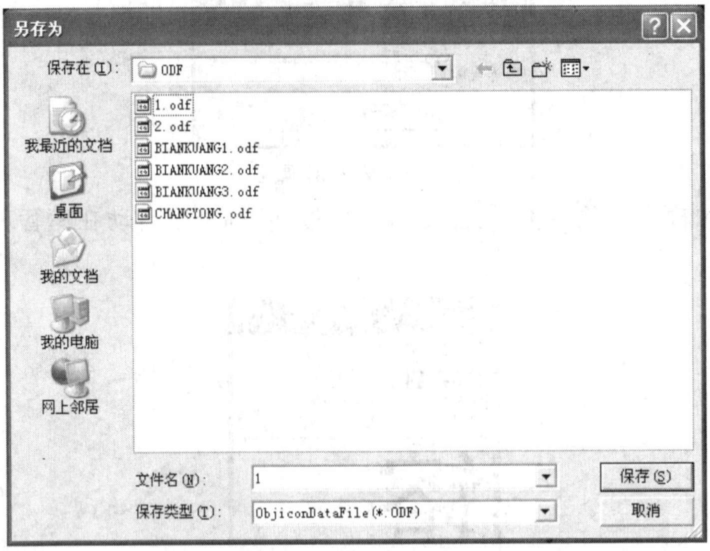

图 10.19 保存库文件对话框

❽ 输入要保持的文件名和路径后，单击“保存”按钮，所有的补字等内容就被存储完毕，可以用于其他文件的使用。

注意：若在其他或新建排版文件中，需要补同样的字或录入相同的内容，可进入库管理窗口，将之前存好的内容直接调查重用。

❾ 单击“视窗”“库管理窗口”命令，弹出“库”管理浮动窗口，单击“文件”|“打开”命令，弹出“打开库文件”对话框，并选择上一步存好的库文件，如图 10.20，在图的下方可直接预览库文件中存储的内容。

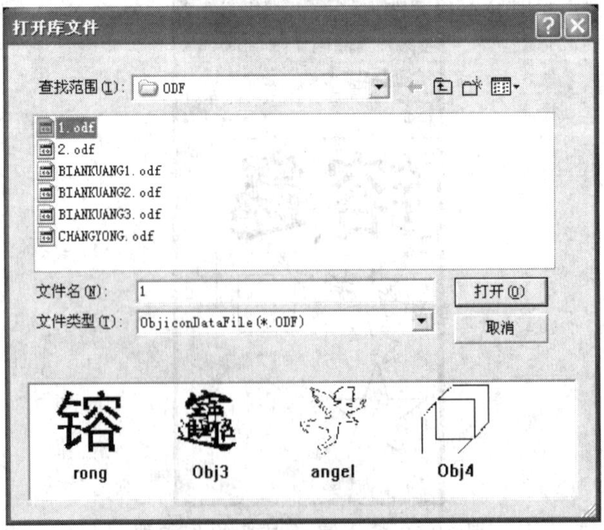

图 10.20 打开库文件

❿ 在上图中，单击“打开”按钮即可打开存好的库文件，之前存好的文件就会像图

10.18 一样将所有的对象列出来。

⓫ 现在只需要用选取工具 所需要的库管理中的内容直接将其从库管理的版面中拽出来即可，如图 10.21 所示。

图 10.21 拽出需要的内容

注意：对于采用文章的文字转曲线结合生成的补字内容，由于已经将补字内容变成图元，所以不能设置字体，若需要改变字号，需参考实际文字的大小，将补字图元调整为实际需要的大小后，在粘贴到文字块中，从而满足了补字的改变字号的需要。

第十一章 设计复杂图形效果

【本章习题】

习题一:如何在飞腾中快速制作出图 11.1 所示的笑脸效果?

图 11.1 可爱的笑脸图形

习题二:如何在飞腾中快速制作出图 11.2 所示的链条效果?

图 11.2 链条效果

【关键技巧】

- 图元转曲线
- 裁剪路径
- 图元合并
- 贝塞尔曲线

11.1 制作可爱的笑脸

对于图 11.1 所示的笑脸样式,在飞腾中可以有多种方法实现,在此介绍一种变换图形样式的方法,它需要使用到图元转曲线和画贝塞尔曲线等功能,其操作步骤如下:

❶ 选择椭圆工具,按住 Shift 键,同时按住鼠标左键并拖动鼠标即可画一个圆形的图元,如图 11.3 所示为画好的圆形。

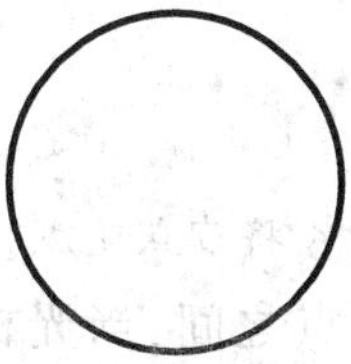

图 11.3 画好的圆形

❷ 选择选取工具,选中图 11.3 所示的圆形,点击“美工”|“转为曲线”命令,即可将此圆形转换为贝塞尔曲线,如图 11.4 所示。

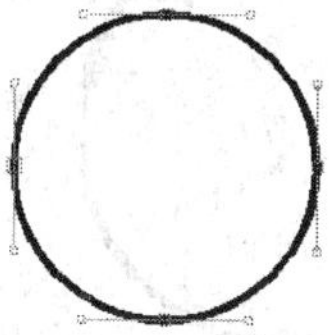

图 11.4 转换为贝塞尔曲线

❸ 分别在圆形的右边偏上和偏下方两个地方增加两个节点, 将光标移动至右边偏上的位置,双击鼠标左键,在弹出的对话框中选择“增加”命令,在右边偏下部位也进行同样的操作,如图 11.5 所示。

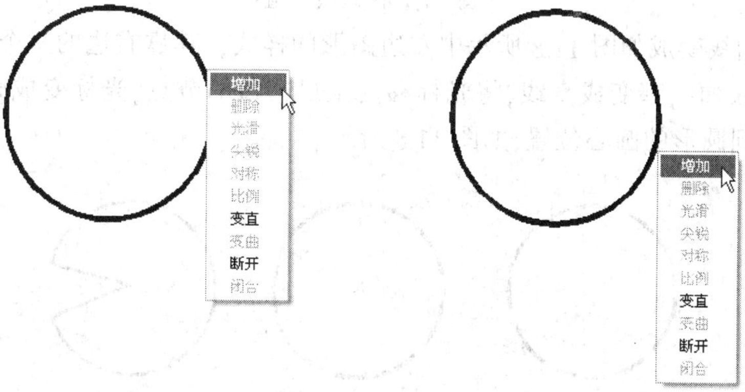

图 11.5 增加两个节点

❹ 为了使节点周围的曲线在拖动时不改变形状，需要将节点变成“尖锐”的形式，将光标移动到上一步中增加的节点上，此时光标变成，然后双击左键，在弹出的菜单中选择“尖锐”命令，对上一步增加的两个节点都进行同样的操作，如图 11.6 所示。

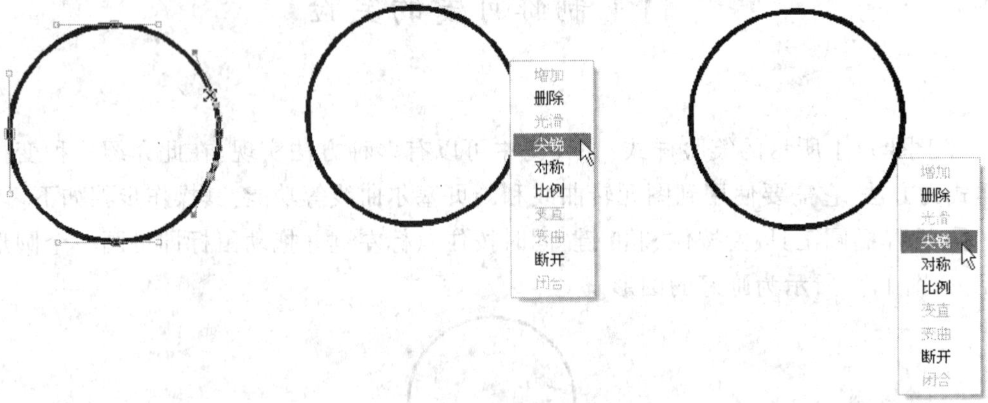

图 11.6 将节点变成“尖锐”

❺ 将光标移动到曲线右边的两点之间，当光标变成，双击鼠标左键，在弹出的菜单中选择“变直”命令，对上一步生成的曲线的右边三个节点之间分别进行两个相同的操作，如图 11.7 所示。

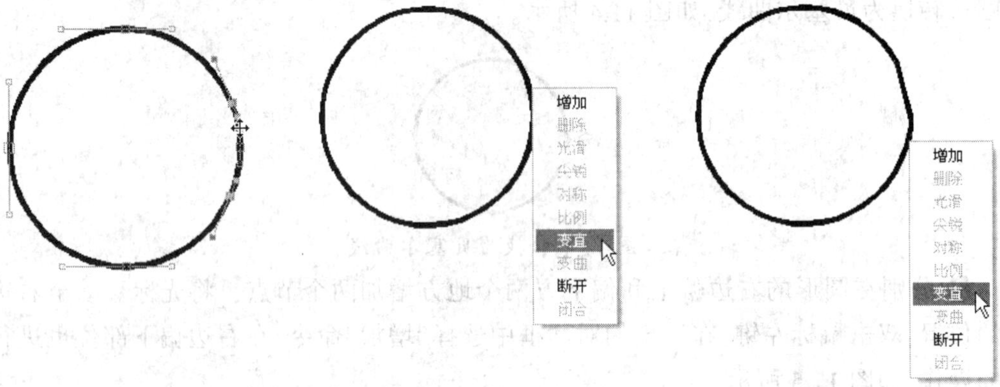

图 11.7 将曲线变直

❻ 此时曲线变成如图 11.8 所示中左边图形的样式，其靠右边的三个节点都变成尖锐，靠右的两段曲线都变成直线，将光标移动至最右边的节点，光标变成，按住鼠标左键，将其拖动到圆形的圆心位置，如图 11.8 所示。

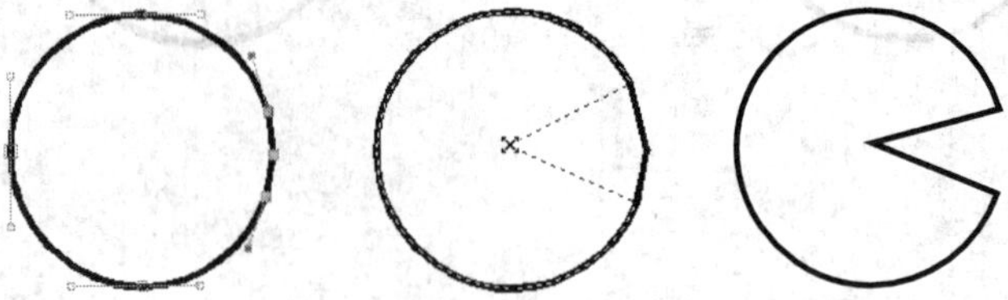

图 11.8 拖动节点

❼ 现在的样式已经基本完成，最后在右边偏上部位增加一个小的圆形即可，最后生成的样式如图 11.9 所示。

图 11.9 生成的样式

11.2 设计链条效果

要设计如图 11.2 所示链条效果，需要先制作一个方正标志，再将其做成不同的形式，最后设计成链条的效果，下面介绍其具体操作步骤：

❶ 先画两个正方形，分别设置其宽度为 20 毫米和 40 毫米，并将它们居中对齐，如图 11.10 所示。

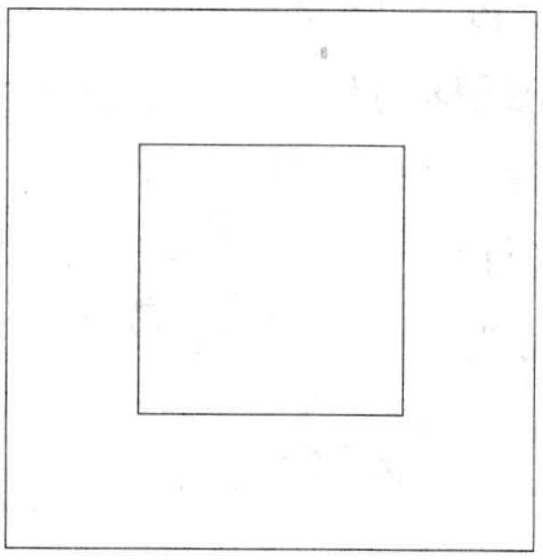

图 11.10 中齐的两个正方形

❷ 用选取工具选择 40 毫米的大正方形，点击“美工”|“转为曲线”命令，将其转化为曲线。

❸ 沿着正方形的水平居中和垂直居中的位置放两根参考线。

❹ 选择选取工具，将光标移动到大正方形的上方居中的位置，此时光标变成✣，双击鼠标左键，由于光标双击的位置也是参考线的位置，飞腾首先弹出“编辑提示线”对话框，如图 11.11 所示，点击“取消”按钮。

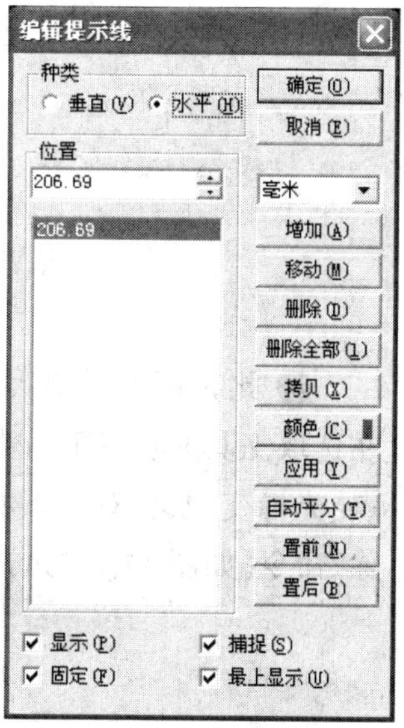

图 11.11 编辑提示线

❺ 此时返回到曲线菜单，在弹出的菜单中选择“增加”命令，从而增加了一个节点，如图 11.12 所示。

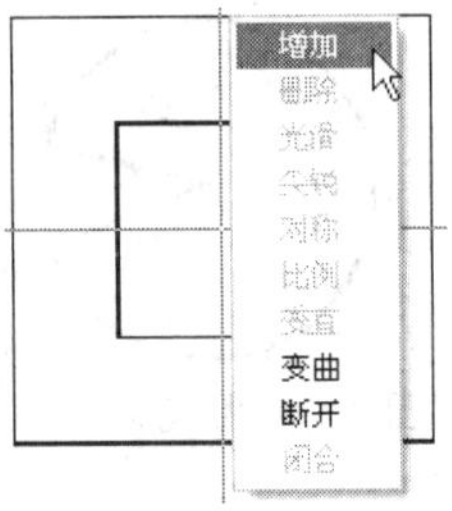

图 11.12 增加节点

❻ 使用第 4、5 步骤同样的方法，在大正方形的左边居中、下边居中和右边居中的位置分别增加一个节点，增加节点后的样式如图 11.13 所示。

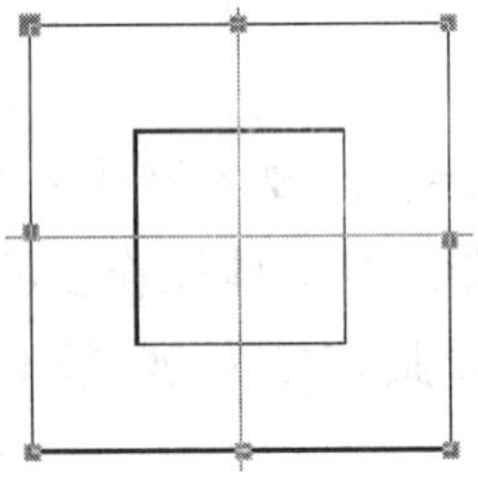

图 11.13 增加完四个节点

❼ 在选取工具状态下，光标移动到任意一根提示线上，双击鼠标左键，在弹出的如图 11.11 所示对话框中选择“删除全部”按钮，将所有提示线删除。

❽ 在选取工具状态下，光标移动到大正方形的左上角节点，光标变成，双击鼠标左键，在弹出的菜单中点击“删除”命令，如图 11.14 所示。

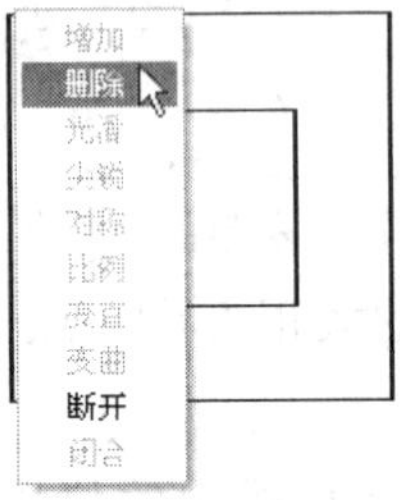

图 11.14 删除左上角节点

❾ 此时可以看出大正方形的左上方已经缺了一角，在选取工具状态下，光标移动到大正方形的右下角节点，光标变成，双击鼠标左键，在弹出的菜单中点击“删除”命令，如图 11.15 所示。

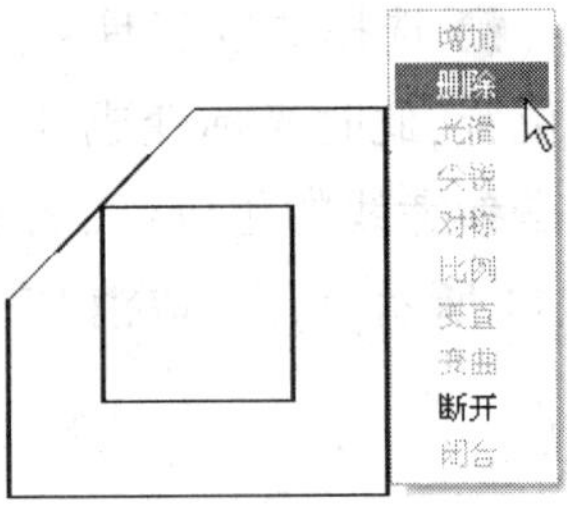

图 11.15 删除右下角节点

❿ 删除两个节点后的样式如图 11.16 所示。

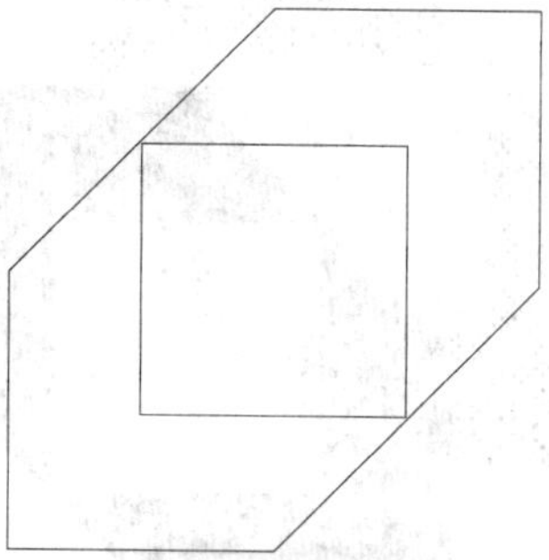

图 11.16 删除两个节点后的样式

⓫ 在选取工具 状态下将它们全部选中，选择“美工”|“图元合并”|“重叠部分合并”命令。

⓬ 选择“美工”|“底纹”命令，在弹出的底纹对话框，选择底纹为第 1 种，颜色为黑色的底纹，如图 11.17 所示。

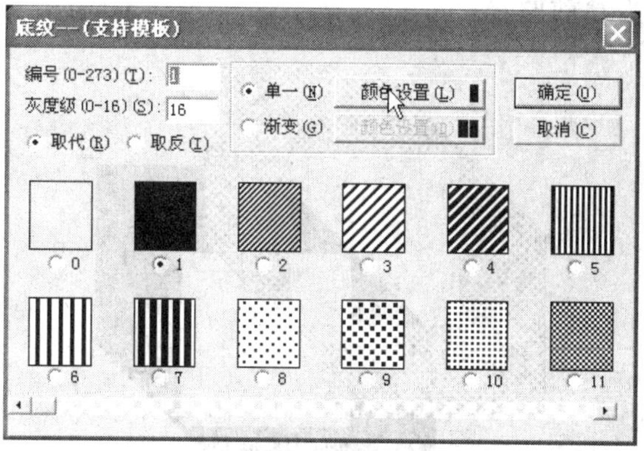

图 11.17 设置底纹

⓭ 将添加底纹的效果复制一份，并将复制后的结果设置底纹为第 9 种，黑色底纹，设置底纹后的样式如图 11.18 所示。

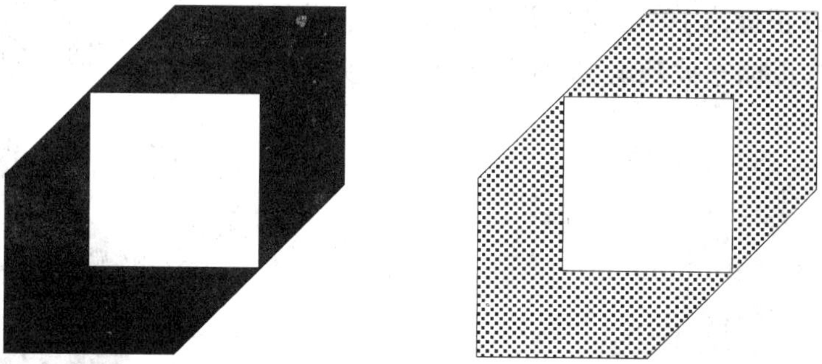

图 11.18 设置底纹后的样式

⓮ 将做好的两个方正标识叠放到一起，并将实心的方正标志放到上层，如图 11.19 所示。

图 11.19 叠加效果

⑮ 将底层网纹的方正标志在同一位置复制粘贴一份，这样在最顶层和最底层分别有一个网纹形的方正标志。在右边两个标志交叉处画一个能覆盖其交叉部分的方形，如图 11.20 所示，在用选取工具选中该方形的状态下，点击"美工"|"路径属性"|"裁剪路径"命令，将该方形设为裁剪路径。

图 11.20 画一个覆盖交叉部分的方形

⑯ 用选取工具同时选中设为裁剪路径的方形和底下的网纹形方正标志，单击块合并工具条，这样最顶层的网纹形方正标志被裁剪，形成如图 11.21 所示的效果。

图 11.21 裁剪后效果

⓱ 用选取工具选中设为方形，点击“美工”|“空线”命令，将方形的勾边去掉，这样就得到了最终需要的效果，如图 11.22 所示。

图 11.22 最终效果

之所以能形成这种链条形的效果，实际上该效果是由三层图元组合而成，如图 11.23 所示为其生成原理示意图。

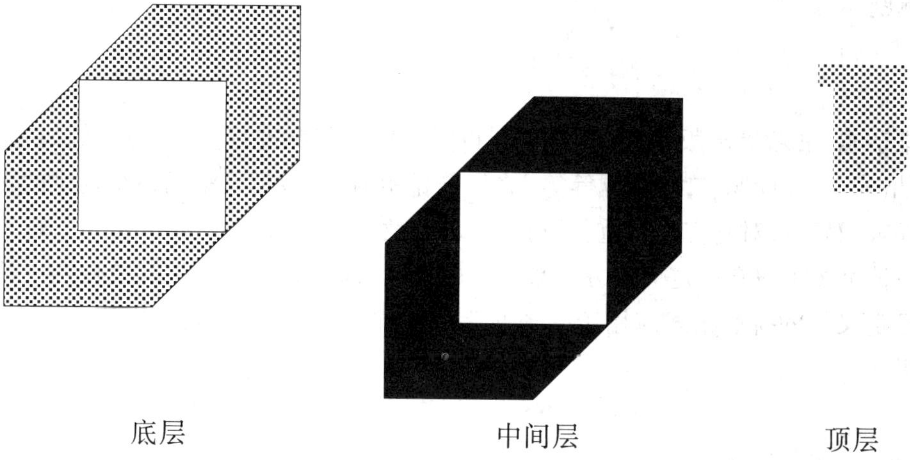

图 11.23 原理示意图

第十二章 排版格式提高排版效率

【本章习题】

习题一：如何设置排版格式？

习题二：如何运用排版格式提供效率？

【关键技巧】

- 排版格式
- 标题

在排杂志、书籍等出版物时，经常会有相同的排式需要进行重复设置，例如：章节格式，标题格式、一级标题、二级标题等等。在以前排版时，一般都是采用系统提供的默认格式先排好版，然后再对它们进行重复设置和调整，效率十分低下，费时又费力。在飞腾中提供了一种可按用户自己定义的方式来排版的工具，即排版格式的定义及使用。用户可以将已经定义好的排版格式应用于其他文字块或文字，并可以做到一次修改，多处重现的高效率。。

12.1 定义排版格式

要自定义排版方式以备再次使用，有两种方法：

一种是在未选中任何文字或文字块的情况下单击“格式”|“定义排版格式”命令，在弹出“定义排版格式”对话框(如图 12.1 所示)中进行定义。

第二种是在“排版格式”面板中使用右键菜单来定义，见图 12.2。还有一种是把版面上已有的格式储存为排版格式。

在选中文字或文字块的情况下单击“格式”|“定义排版格式”命令，在弹出的“排版格式”对话框中飞腾将自动读入选中文字的属性。这些属性包括文字颜色、行距、字体、字

距、字母间距、改行宽、标点类型、段格式、变体字、装饰字、底纹划线、纵向调整、空格定义、行格式和定义 TAB 键等，即排版格式中可以定义的所有属性。

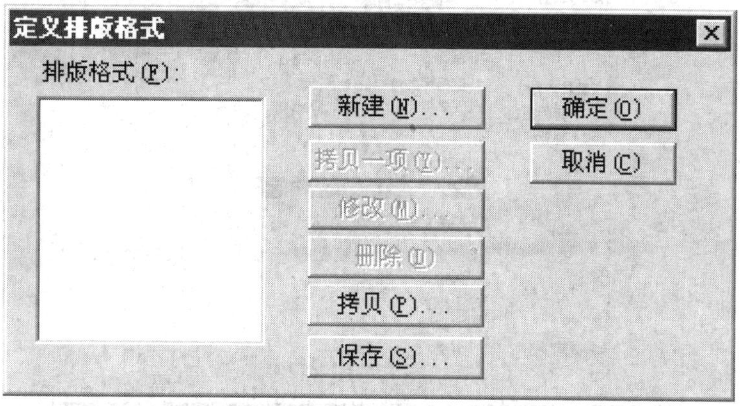

图 12.1 "定义排版格式"对话框

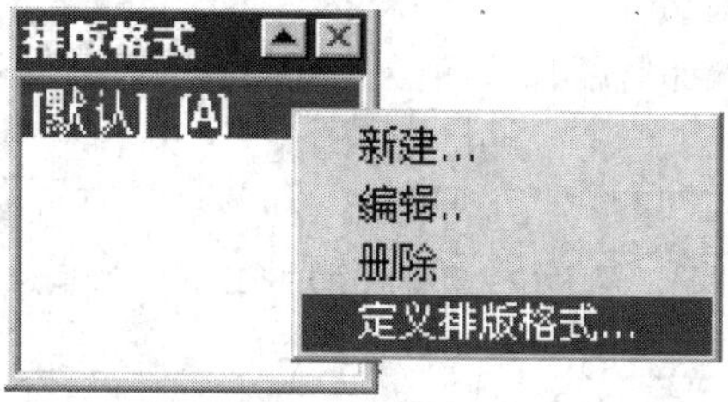

图 12.2 排版格式快捷菜单

在选中文字块情况下，读入的属性为文字块的属性。如果用表格工具选中单元格，则读入的属性为单元格的属性。如果用文字工具选中单元格中的文字，则读入的属性是文字的属性。对于标题区中的文字也应可以正确读入其文字属性。

例如，在选中如图 12.3 上图所示的文字的情况下，弹出的"排版格式"对话框如图 12.3 下图所示。在该对话框中可以对排版格式进行修改和编辑，完成后，在"排版格式名"文本框中输入名称，即可定义排版格式。在单击"排版格式"对话框中的"确定"按钮之前必须要给该排版格式起名字，否则飞腾报"排版格式未命名"，并且无法关闭对话框。

在图 12.3 所示对话框的"排版格式名"文本框中输入"标题 3"，单击"确定"按钮，飞腾会弹出如图 12.4 所示的对话框。可以接着定义其它的排版格式。

注意：1. 如果文字属性与版心文字属性相同，或是与文件量中定义的属性相同，则在排版格式中视为没有特殊定义该属性，如版心行距为 0.25 字，选中文字的行距也为 0.25 字，则自动读入的属性中不包括行距。版心文字属性包括颜色、字体号、变体字、装饰字和底纹划线。文件量属性包括行距、字距、字母间距、改行宽、标点类型、段格式、纵向调整、空格定义和行格式。

2. 如果选中的文字中包含不同的属性(如颜色不同)，则自动取选中的第一个字的属性。类似的，还有如果选中多段文字，各个段格式不完全一样，则自动取第一段的属性。

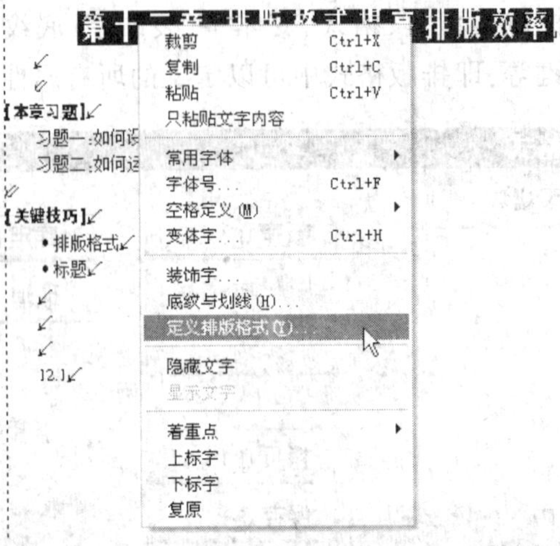

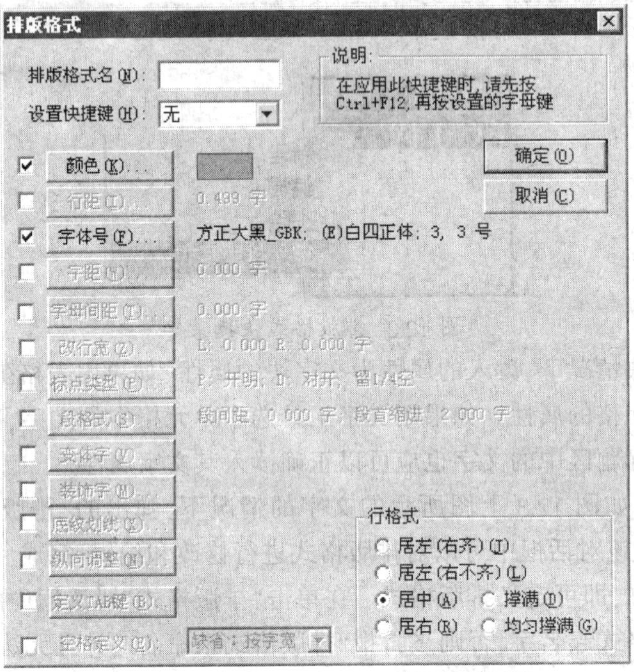

图 12.3 以已有的格式定义排版格式

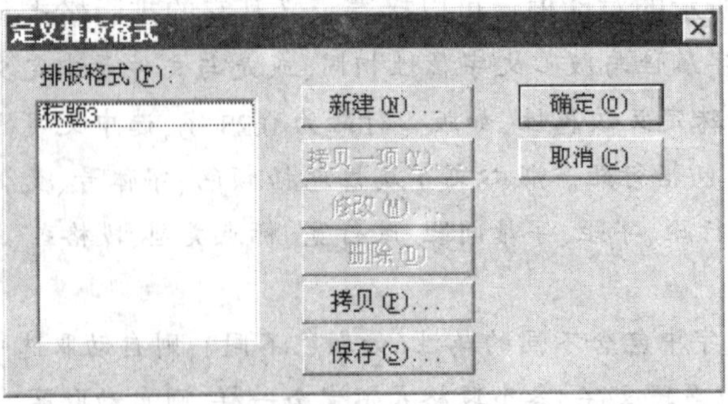

图 12.4 “定义排版格式”对话框

以下具体介绍“定义排版格式”对话框的使用。

(1) 新建排版格式

单击“格式”|“定义排版格式”，单击“新建”按钮，弹出“排版格式”对话框，如图 12.5 所示。“排版格式”对话框中提供了许多复选框供用户选择。选中某复选框，则其相应的按钮会被激活。单击该按钮，会弹出相应的对话框供用户进行设置。

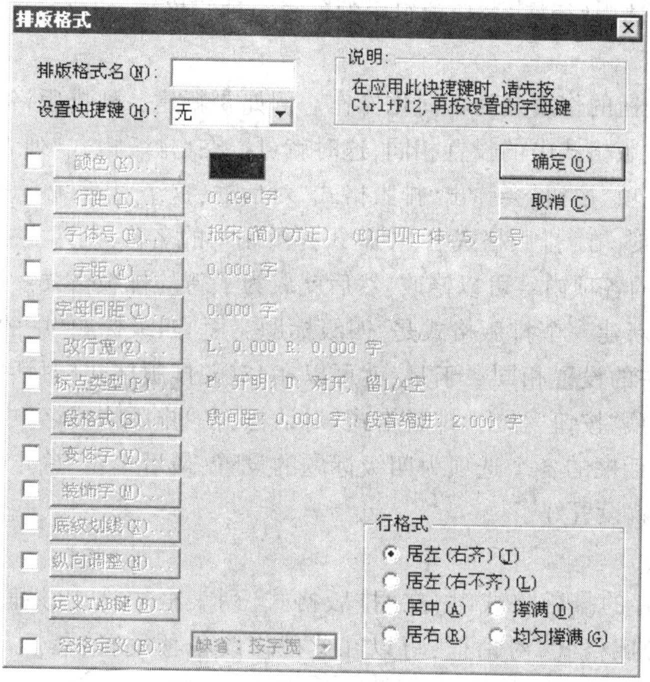

图 12.5 “排版格式”对话框

下面介绍此对话框中的各个选项的作用：

- “排版格式名”：在此文本框中加入用户要定义排版格式的名称。
- “设置快捷键”：可以在此下拉列表中为排版格式设置快捷键。

注意：在应用在此定义的排版格式的快捷键时，要先按 Ctrl+F12，再按此处设置的字母键，才可起作用。使用快捷键时，输入法必须是在英文状态下。英文字母不区分大小写。Ctrl 键不区分左右键。

- “字体号”：单击此按钮，弹出“字体号”对话框，定义字体和字号。
- “颜色”：定义文字的颜色。
- “行距”：定义行距。
- “字距”：定义字距。
- “字母间距”：定义字母间距。
- “改行宽”：定义行宽。
- “标点类型”：选择标点类型。
- “段格式”：定义段距及段首缩进的值。

- “变体字”:单击此按钮,弹出“变体字”对话框。
- “装饰字”:设置文字的装饰属性。
- “底纹划线”:设置文字的底纹与划线属性。
- “纵向调整”:设置纵向调整属性。
- “空格定义”:定义空格类型。
- “行格式”:选中“行格式”选项组中的任意一种行格式,定义行的排列格式。

(2) 拷贝排版格式

“拷贝一项”按钮的作用是为了简化操作。例如要新建一种排版格式,但是此格式的某些设置和另一排版格式中的设置相同,这时就可以在“排版格式”列表框中选中某排版格式,单击“拷贝一项”按钮,会弹出“排版格式”对话框,这个对话框中显示的是选中的排版格式的设置。这时,在“排版格式名”中输入拷贝副本的名称,则建立一个该排版格式的副本,用户对其中的各项内容可以修改,然后就成为了新的排版格式。

例如,现在要新建一个排版格式是“四级标题”,而“四级标题”中的有些设置和已经有的“二级标题”中的设置相同。于是,就可以在“定义排版格式”对话框中选中“二级标题”,单击“拷贝一项”按钮,弹出“排版格式”对话框,在“排版格式名”中输入“四级标题”的字样,并修改对话框的各个选项为四级标题的设置,最后单击“确定”按钮,新的“四级标题”的排版格式就设置好了。

(3) 修改排版格式

需要改变已有的排版格式时,在“排版格式”列表框中选中该排版格式,单击“修改”按钮,弹出“排版格式”对话框,可以在此处修改各种设置,然后单击“确定”按钮,完成操作。

(4) 删除排版格式

当已有的排版格式不再需要时,可以删除它们。在“排版格式”列表框中选中这些排版格式,单击“删除”按钮即可。

(5) 拷贝排版格式

将其他飞腾文件存储的排版格式拷贝到当前文件的“定义排版格式”对话框中。在排版过程中,如果一个新建文件要使用的排版格式在另外一个飞腾文件中已经定义好了,这时就不必在新文件中重新定义。可以使用“拷贝”按钮,将另一个飞腾文件中已经定义好的排版格式拷贝到新文件的“定义排版格式”对话框中。

其操作步骤如下:

❶ 单击“拷贝”按钮,弹出“打开”对话框,如图 12.6 所示。

❷ 选择需要使用的排版格式所在的文件,单击“打开”按钮,弹出如图 12.7 所示的“读入风格”对话框。图中 Source list 为原定义的排版格式名。

❸ 单击“确定”按钮,返回“定义排版格式”对话框,单击“拷贝”按钮,在“打开”对话框中选择另一个排版格式文件,则“读入风格”对话框如图 12.8 所示。

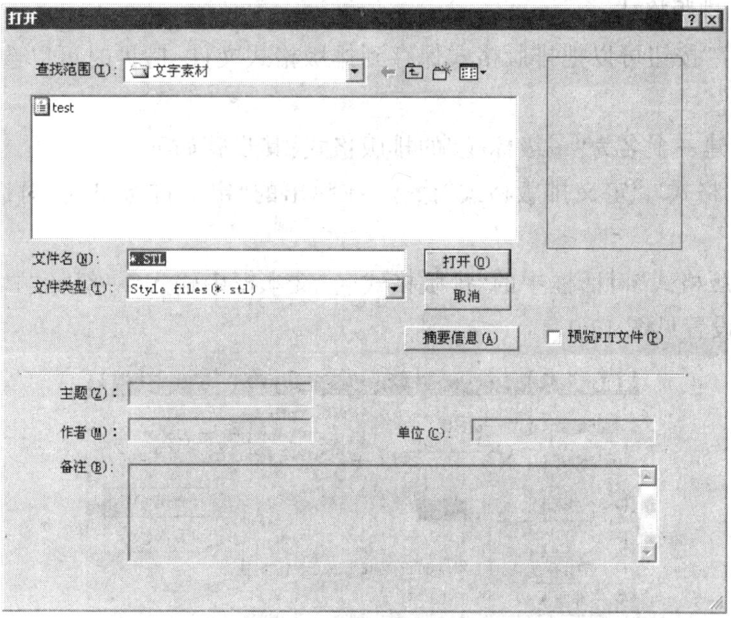

图 12.6 打开排版格式文件

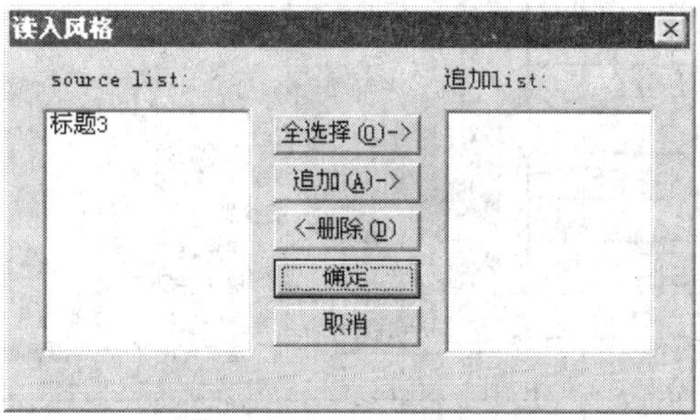

图 12.7 "读入风格"对话框

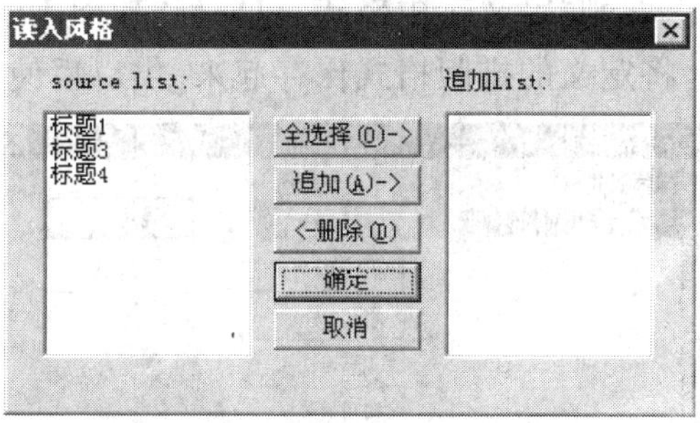

图 12.8 读入另一个排版文件

❹ 如果选择"全选择"按钮,则 source list 列表框中的所有文件都会被读入到"追加 list"列表框中。如果在 source list 列表框中选择一个文件,单击"追加"按钮,则选中的文件会被加入到"追加 list"列表框中。在"追加 list"列表框中选中一个文件,单击"删除"按钮,可以把该文件还原到 source list 列表框中。本例单击"全选择"按钮,然后单击"确定"按钮,"定义排版格式"对话框中会出现所加入的排版格式名称。

(6) 保存排版格式

单击“保存”按钮可以把排版格式保存到排版格式文件,拷贝时可以选择飞腾文件或排版格式文件。

下面来新建一个名为“一级标题”的排版格式,其步骤如下:

❶ 单击“格式”|“定义排版格式”命令,在弹出的“定义排版格式”对话框中单击“新建”按钮。

❷ 在“排版格式”对话框中的“排版格式名”文本框中输入“一级标题”。设置其快捷键为1。其他设置见图12.9。

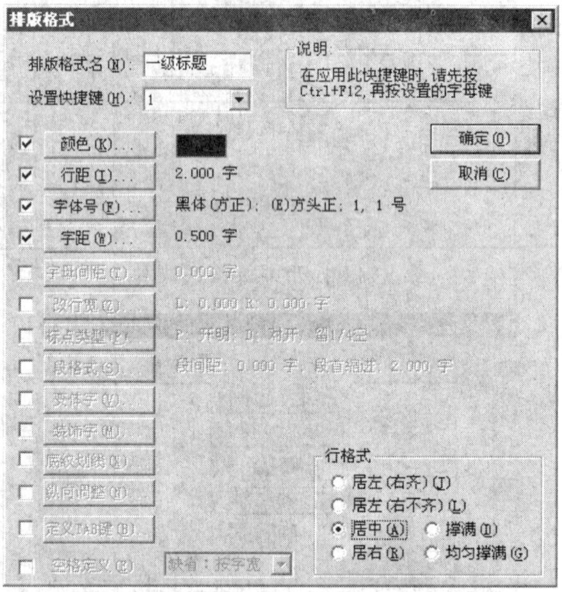

图 12.9 设置“一级标题”排版格式

❸ 单击“确定”按钮。回到“定义排版格式”对话框,如图12.10所示。

❹ 单击“保存”按钮,将定义的排版格式保存起来,供以后使用。

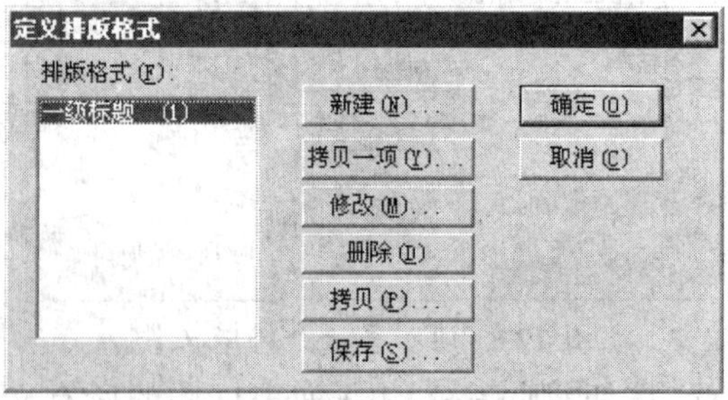

图 12.10 定义了新的排版格式

12.2 使用排版格式

用户可以将已经定义好的排版格式应用于文字块或文字。

(1) 改变文字的排版格式

其操作步骤如下：

❶ 单击“视窗”|“排版格式窗口”命令，弹出“排版格式”面板。

❷ 用文字工具选中准备使用排版格式的文字，如图 12.11 所示。双击排版格式的名称，如“一级标题(1)”。其效果如图 12.12 所示。

注意：因为该排版格式定义了快捷键，在不打开“排版格式”面板的情况下，按 Ctrl+F12 键，然后按 1 键，也可将该排版格式应用于所选文字。

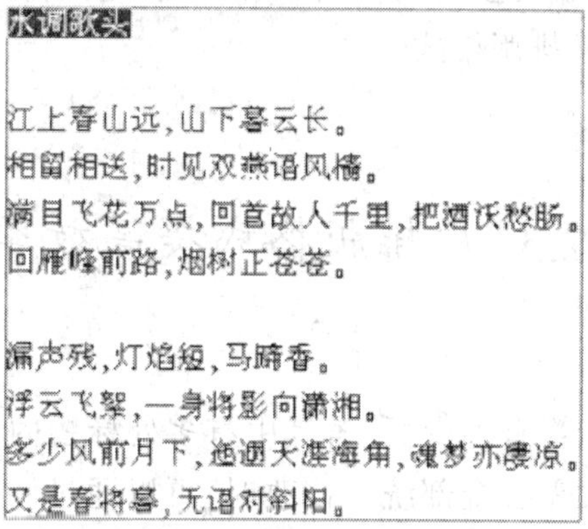
水调歌头
江上春山远，山下暮云长。
相留相送，时见双燕语风樯。
满目飞花万点，回首故人千里，把酒沃愁肠。
回雁峰前路，烟树正苍苍。
漏声残，灯焰短，马蹄香。
浮云飞絮，一身将影向潇湘。
多少风前月下，迤逦天涯海角，魂梦亦凄凉。
又是春将暮，无语对斜阳。

图 12.11 选中文字

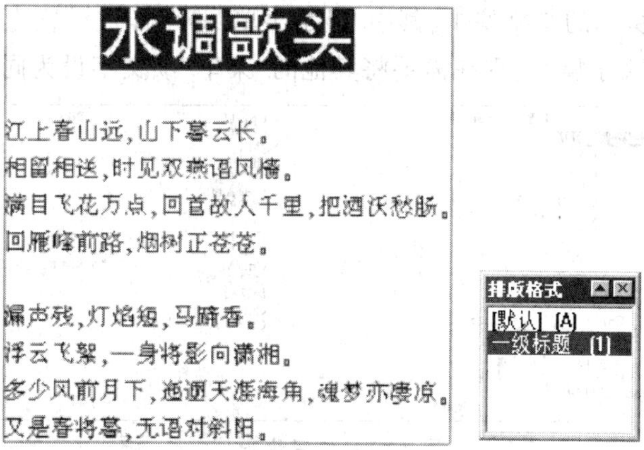
水调歌头
江上春山远，山下暮云长。
相留相送，时见双燕语风樯。
满目飞花万点，回首故人千里，把酒沃愁肠。
回雁峰前路，烟树正苍苍。
漏声残，灯焰短，马蹄香。
浮云飞絮，一身将影向潇湘。
多少风前月下，迤逦天涯海角，魂梦亦凄凉。
又是春将暮，无语对斜阳。
排版格式
[默认] [A]
一级标题 [1]

图 12.12 应用排版格式

如果用户改变了某一排版格式本身的定义，那么已经应用了该排版格式的文字也将自动按照修改后的排版格式重新排版。如果用户对已经使用某一排版格式排版的文字重新修改属性，则当该排版格式的定义被修改后，这部分被用户重新修改过的文字不会自动应用新的排版格式。

(2) 改变文字块的排版格式

其操作步骤如下：

❶ 用选取工具选中准备使用排版格式的文字块。

❷ 单击“视窗”|“排版格式窗口”命令，弹出“排版格式”面板。

❸ 双击某种排版格式的名称，即可将该排版格式应用于该文字块。

(3) 排版格式右键菜单

在“排版格式”窗口中右击，其弹出菜单如图12.2所示。单击其中的“新建”命令，会弹出“排版格式”对话框，可以新建排版格式。选择窗口中的任一个排版格式名，点击鼠标右键，单击“编辑”命令，会弹出显示已有排版格式的“排版格式”对话框，可以修改排版格式。单击“删除”命令，可以删除选中的排版格式。单击“定义排版格式”命令，会弹出“定义排版格式”对话框，可以定义排版格式。

12.3 用排版格式提高效率

在整个飞腾文件中，不管有多少页，若其中有多处标题内容被设定为同一个排版格式效果，当这些标题的样式需要全部统一修改时，可以通过一次性修改排版格式来完成对所有内容的样式修改，这将大大提高排版效率。

下面举例进行详细说明：

❶ 如图12.13所示的文字块中，其中“显示菜单”等字样被设置为白色文字、黑体、黑色底纹，占0.5行等文字属性，现在需要将其他的“菜单”项文字设为同样的属性。

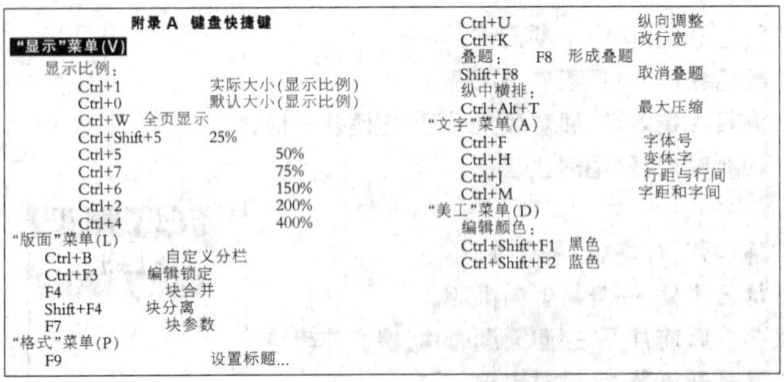
附录 A 键盘快捷键
“显示”菜单(V)
显示比例：
Ctrl+1 实际大小(显示比例)
Ctrl+0 默认大小(显示比例)
Ctrl+W 全页显示
Ctrl+Shift+5 25%
Ctrl+5 50%
Ctrl+7 75%
Ctrl+6 150%
Ctrl+2 200%
Ctrl+4 400%
“版面”菜单(L)
Ctrl+B 自定义分栏
Ctrl+F3 编辑锁定
F4 块合并
Shift+F4 块分离
F7 块参数
“格式”菜单(P)
F9 设置标题...
Ctrl+U 纵向调整
Ctrl+K 改行宽
叠题： F8 形成叠题
Shift+F8 取消叠题
纵中横排：
Ctrl+Alt+T 最大压缩
“文字”菜单(A)
Ctrl+F 字体号
Ctrl+H 变体字
Ctrl+J 行距与行间
Ctrl+M 字距和字间
“美工”菜单(D)
编辑颜色：
Ctrl+Shift+F1 黑色
Ctrl+Shift+F2 蓝色

图 12.13 文字块内容

❷ 用文字工具 **T** 选中“显示菜单”等文字内容，单击“格式”|“定义排版格式”命令，弹

出如图 12.14 所示的“排版格式”对话框。

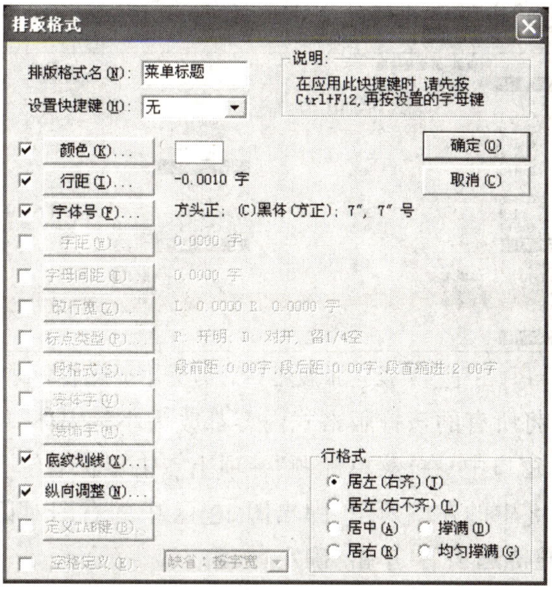

图 12.14 “排版格式”对话框

❸ 在对话框中输入“菜单标题”为排版格式名单，单击“确定”后，弹出如图 12.15 所示的“定义排版格式”对话框。

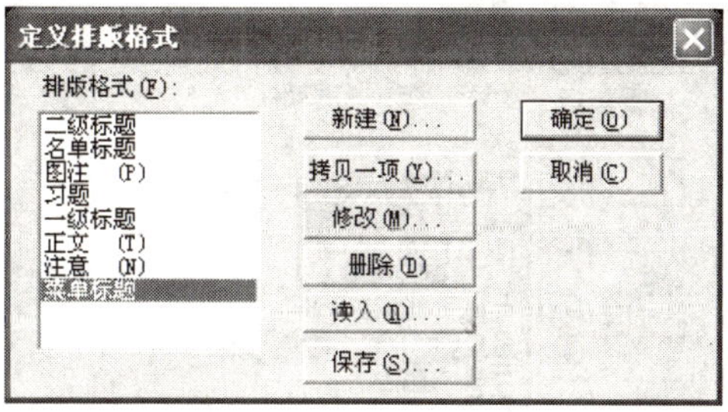

图 12.15 “定义排版格式”对话框

❹ 点击“视窗”|“排版格式窗口”命令，在弹出的“排版格式”格式对话框中，就自动新增了“菜单标题”一项，如图 12.16 所示。

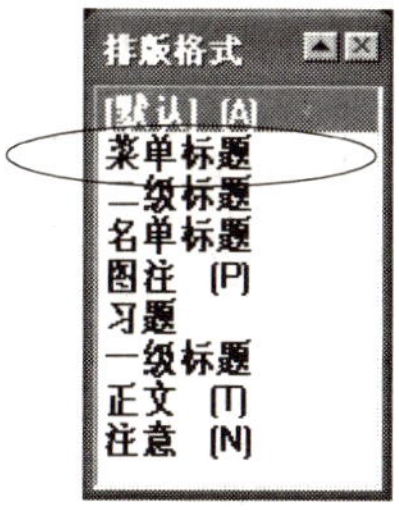

图 12.16 “排版格式”浮动窗口

❺ 用文字工具 **T** 选中文字块中的“显示菜单”的文字内容，然后在图 12.16 所示的浮动窗口中双击“菜单标题”，这样就将该文字内容设定为该排版格式了。运用同样的方式，

可以分别选中其他需要设定该“菜单标题”的文字内容，并将它们设为该排版格式效果，如图 12.17 所示为设定好排版格式后的文字块效果。

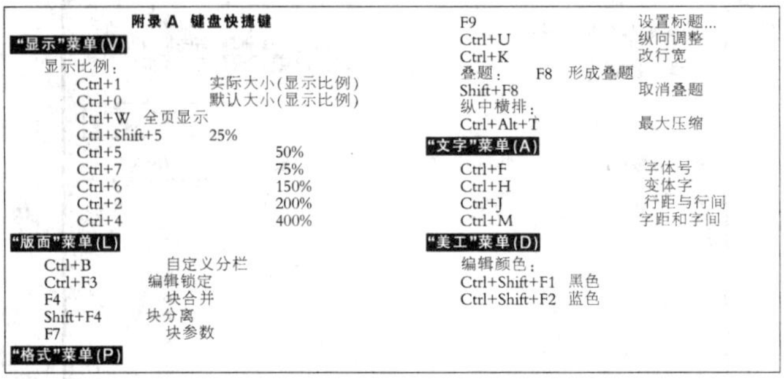

图 12.17 设定排版格式后的文字块效果

❻ 此时假设需要将所有的该排版格式内容都改为小标宋体，黑色，去掉黑色底纹效果，在“排版格式”浮动窗口中，在“菜单标题”一项上点击鼠标右键，在弹出的菜单中点击“编辑”命令，如图 12.18 中的左图所示，弹出图 12.18 中的右图对话框，在对话框中修改颜色、字体号、纵向调整等选项后，单击“确定”按钮。

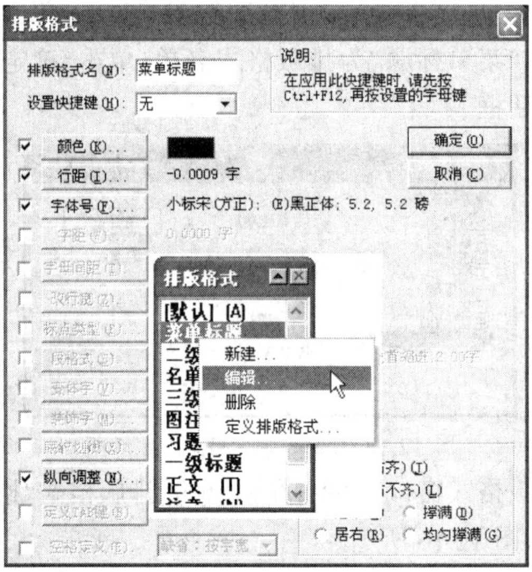

图 12.18 编辑排版格式

❼ 这样文字块中的所有标题都被自动修改，如图 12.19 所示为最终排版结果。

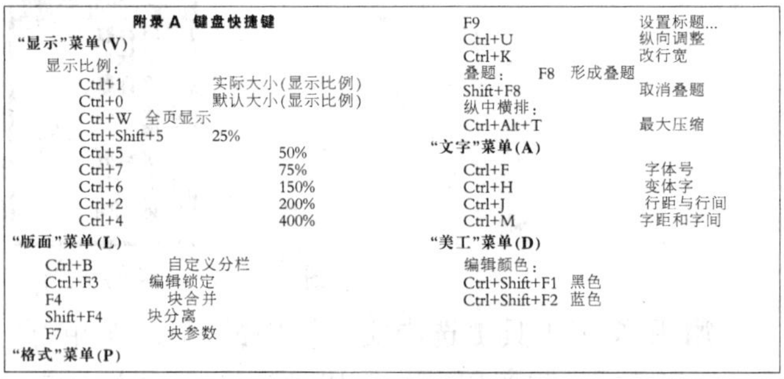

图 12.19 自动修改的结果

第十三章 飞腾基础试题

13.1 判断题

请判断以下各题的对错：

1. 飞腾 3.1 可以使用 GBK 编码字库。 (　)
2. 方正书版 10.0 可以支持 GBK 编码字库。 (　)
3. 方正书版 10.0 可以支持 5.6 万字超大字符集。 (　)
4. 方正飞腾 4.1 专业版可以支持汉仪字库。 (　)
5. 方正报宋 _GBK 属于方正 GBK 编码字库。 (　)
6. 方正报宋简体 属于方正 GBK 编码字库。 (　)
7. 报宋(方正)简体 属于方正 GBK 编码字库。 (　)
8. 飞腾 3.1 可以在 windowsXP 上运行。 (　)
9. 飞腾 4.1 专业版可以在 windows98 上运行。 (　)
10. 飞腾可用于图像处理设计。 (　)
11. 文字勾边是属于飞腾的装饰字效果。 (　)
12. 飞腾的装饰字效果可以给单个文字加花边。 (　)
13. 安装飞腾时,应该先装字库,后装飞腾。 (　)
14. 飞腾 4.1 专业版使用并口加密狗方式加密。 (　)
15. 飞腾 4.1 专业版可以支持多主页。 (　)
16. 飞腾 4.1 专业版可以在 windows2003 上运行。 (　)
17. 飞腾页码的操作在主页上进行。 (　)
18. 飞腾 4.1 专业版可以运用鼠标滚轮放大缩小版面显示。 (　)
19. 飞腾 4.1 专业版不能制作分页表格。 (　)
20. 飞腾 4.1 专业版的表格功能中不能加斜线。 (　)
21. 飞腾 4.1 专业版的表格功能不能 undo/redo。 (　)

13.2 单选题

请选择以下各题的正确答案：

1. 在GB编码中，包含有( )个文字。
   (A)6763　(B)27003　(C)21003　(D)11673
2. 在GBK编码中，包含有( )个文字。
   (A)6763　(B)27003　(C)21003　(D)11673
3. 方正兰亭GBK字库目前最多有( )款字库
   (A)46　(B)62　(C)88　(D)106
4. 方正飞腾4.1专业版标配有( )款GB字库
   (A)46　(B)62　(C)88　(D)106
5. 方正飞腾4.1专业版标配有( )款GBK字库
   (A)9　(B)46　(C)62　(D)106
6. 方正飞腾4.1专业版不支持( )编码字库
   (A)748　(B)GB　(C)GBK　(D)Unicode
7. 方正飞腾属于( )类软件。
   (A)办公　(B)图像处理　(C)专业排版　(D)图形处理
8. PS是( )的简称。
   (A)PostScript　(B)Photoshop　(C)PostServer　(D)PretectServer
9. 在印刷流程中，计算机排版校对完成后的下一个环节是( )
   (A)录入小样　(B)打印　(C)发排输出菲林　(D)印刷
10. 印刷的色彩模式标准是( )
    (A)RGB　(B)灰度　(C)CMYK　(D)LAB
11. 排版的结果输出后出现文字乱码，很可能是( )
    (A)录入错误　(B)软件bug　(C)缺字　(D)硬件问题
12. 方正飞腾的花边有( )种。
    (A)64　(B)88　(C)99　(D)100
13. 方正飞腾的底纹有( )种。
    (A)99　(B)100　(C)168　(D)273
14. 飞腾4.1专业版中，直接点击鼠标滚轮可以( )。
    (A)上下滚动页面　(B)左右滚动页面
    (C)放大缩小页面　(D)切换页面

15. 飞腾 4.1 专业版中,按住 Shift 键的同时点击鼠标滚轮可以( )。
(A)上下滚动页面　(B)左右滚动页面
(C)放大缩小页面　(D)切换页面

16. 飞腾 4.1 专业版中,按住 Ctrl 键的同时点击鼠标滚轮可以( )。
(A)上下滚动页面　(B)左右滚动页面
(C)放大缩小页面　(D)切换页面

17. 飞腾 4.1 专业版中,页面显示最大可以放大到( )。
(A)400%　(B)700%　(C)1600%　(D)4000%

18. 飞腾 4.1 专业版中,表项间隔符默认为( )。
(A)TAB　(B)空格　(C)\&　(D)%

19. 飞腾 4.1 专业版中,报宋(方正)简体的显示字库是( )。
(A)报宋(方正)简体　(B)方正报宋简体
(C)方正报宋 _GBK　(D)方正报宋

20. 飞腾 4.1 标准版有幅面限制,最高为( )
(A)280mm　(B)297mm　(C)360mm　(D)370mm

21. 下面功能中( )是飞腾 4.1 专业版的新增功能。
(A)分栏表格　(B)一站式窗口
(C)支持 GBK　(D)自动加拼音

22. 在飞腾中,录入特殊符号选择( )录入方法。
(A)方正五笔　(B)动态键盘
(C)智能 ABC　(D)王码五笔

23. 飞腾不可以做( )功能。
(A)表格　(B)数学　(C) 化学　(D)拼音

24. 汉字的基线一般是指字身的( )
(A)上下相对偏移位置　(B)长宽比　(C)大小　(D)高低

25. 下述文字效果中( )不属于飞腾变体字效果。
(A)勾边　(B)旋转　(C)立体　(D)底纹

26. 飞腾 4.1 不兼容灌入( )格式
(A)PDF　(B)JPG　(C)BMP　(D)TIFF

27. 飞腾 4.1 专业版中使用( )快捷键增大/缩小行距。
(A)Ctrl +/–　(B)Alt +/–
(C)Shift +/–　(D)Ctrl Shift +/–

13.3 多选题

请选择以下各题的正确答案：

1. 飞腾 4.1 专业版支持鼠标滚轮的功能有(　　)
   (A)上下滚动页面　　(B)左右滚动页面
   (C)放大缩小页面　　(D)切换页面
2. 在方正飞腾 4.1 专业版中，可以排入(　　)等小样。
   (A)TXT　　(B)RTF　　(C)BD　　(D)XLS　　(E)PPT
3. 以下哪些软件属于计算机应用软件(　　)
   (A)飞腾　　(B)书版　　(C)WORD　　(D)windowsXP
4. 用作印刷用的图片常用色彩模式有(　　)
   (A)RGB　　(B)灰度　　(C)CMYK　　(D)LAB
5. 常用图片文件格式有(　　)
   (A)BD　　(B)TIFF　　(C)JPG　　(D)EPS
6. RIP 的作用有(　　)
   (A)解释还原 PS/PDF 格式　　(B)连接打印机
   (C)连接控制照排机输出菲林　　(D)连接 CTP
7. PDF 文件格式的特点和作用有(　　)
   (A)网上浏览　　(B)电子刊物
   (C)原样展现设计结果　　(D)远程校样

13.4 试题答案

判断题

1. ×	2. √	3. √	4. √	5. √
6. ×	7. ×	8. ×	9. √	10. ×
11. ×	12. √	13. √	14. ×	15. ×
16. √	17. √	18. √	19. ×	20. ×
21. √				

单选题

1. A	2. C	3. B	4. C	5. A
6. D	7. C	8. A	9. C	10. C
11. C	12. D	13. D	14. A	15. C
16. B	17. D	18. C	19. C	20. C
21. D	22. B	23. C	24. A	25. D
26. A	27. B			

多选题

1. ABC	2. ABC	3. ABC	4. BC
5. BCD	6. ABCD	7. ABCD	